Aktive Schädlingskontrolle

LMB 2014/097

Aktive Schädlingskontrolle

Vorbeugung • Erkennung • Bekämpfung

B. Megerle

BEHR'S...VERLAG

Bibliografische Information Der Deutschen Nationalbibliothek

Die Deutsche Nationalbibliothek verzeichnet diese Publikation in der Deutschen Nationalbibliografie; detaillierte bibliografische Daten sind im Internet über http://dnb.d-nb.de abrufbar.

ISBN 978-3-95468-112-9

© **B. Behr's Verlag GmbH & Co. KG** • **Averhoffstraße 10** • **22085 Hamburg**

Tel. 0049 / 40 / 22 70 08-0 • Fax 0049 / 40 / 220 10 91
E-Mail: info@behrs.de • Homepage: http://www.behrs.de

1. Auflage 2003
2. Auflage 2008
3. überarbeitete Auflage 2011
4. überarbeitete Auflage 2014

Vorwort

Liebe Leserin, lieber Leser,

Schädlingsbekämpfung ist ein sensibles und komplexes Thema, eingebettet zwischen verschiedensten gesetzlichen Forderungen und Bedürfnissen der diversen Qualitätsstandards in hygienesensiblen Bereichen wie Herstellung von Lebensmitteln, Arzneimitteln, Medizintechnik und weiteren.

Als Verantwortlicher für die Schädlingsbekämpfung informiert Sie dieses Buch vom Schädling über die gesetzlichen Grundlagen bis hin zur Entscheidungsgrundlage bei der Vergabe an externe Dienstleister.

Die Praxis fordert ein umfangreiches Qualitätsmanagement sowie Umwelt- und Arbeitsschutz für das maximale Maß an Qualität und Sicherheit.

Die seit 01. September anzuwendende Biozid-Verordnung 528/2012 schränkt die Auswahl an Schädlingsbekämpfungsmitteln weiter ein. Vor allem die bisherigen Konzepte zur Nagetierbekämpfung mit Antikoagulanzien sind völlig neu zu überdenken. Die Herausforderungen an Sie als Verantwortlicher steigen, Vorbeugende Maßnahmen treten in den Vordergrund, der Einsatz von Bioziden wird weiter drastisch reduziert, zum Schutz von Umwelt und Gesundheit.

Viel Freude beim Nachschlagen und Lesen – und nachhaltige Schädlingsfreiheit wünscht Ihnen

Brigitte Megerle

Die Autorin

Dipl.-Ing. (FH) Brigitte Megerle

Nach dem Studium der Betriebs- und Lebensmittelhygiene war Frau Megerle Quali-täts-Leiterin und verantwortete die Betriebshygiene sowie die Schädlingsfreihaltung eines namhaften Lebensmittelherstellers in der Schweiz. Heute ist sie als Leiterin verantwortlich für Qualitätssicherung, Zertifizierung und Kundenmanagement im Bereich Schädlingsbekämpfung und -freihaltung.

Sie berät Betriebe hinsichtlich der Schädlingsprophylaxe und der Integration der Schädlingsbekämpfung und -freihaltung durch Eigenkontrollkonzepte nach der Le-bensmittelhygiene-Verordnung (LMHV) sowie verschiedenen Standards wie EU-Zertifizierung, Bio-Zertifizierungen, ISO 22000, BRC, IFS und AIB. Ferner referiert Sie und schult Mitarbeiter zu den einschlägigen Hygienethemen in der Lebensmittel-herstellung und veröffentlicht diverse Aufsätze in der Fachpresse.

Die Autorin ist bei der Gemex Hygiene + Vorratsschutz GmbH, Augsburg, tätig und verfügt über mehr als 20 Jahre Praxiserfahrung in der Schädlingsfreihaltung von Großküchen.

Inhaltsverzeichnis

Inhaltsverzeichnis

Behr's Verlag Hamburg

Behr's Verlag Hamburg

1   Wichtige Schädlinge

Schaben, Mäuse, Ratten, Motten und Fliegen gehören zu den am häufigsten auftretenden Schädlingen. Des Weiteren können Ameisen nicht nur lästig werden, auch ist ihre hygienische Bedeutung nicht von der Hand zu weisen. Haben Schädlinge erst einmal den Weg ins Gebäude gefunden, verbreiten sie sich durch die verzweigten Warentransport- und Verteilersysteme. Die Schädlinge verursachen enorme Schäden. Die Auswirkungen von Schädlingsbefall reichen von Krankheiten und Lebensmittelverunreinigungen, über Materialschäden bis hin zu Imageverlusten.

1.1   Schaben

1.1.1   Aussehen

Die Deutsche Schabe (Blattella germanica) und die Orientalische Schabe (Blatta orientalis) sind die am häufigsten auftretenden Schabenarten in Deutschland. Weniger verbreitet sind die Amerikanische Schabe (Periplaneta americana), die Braunbandschabe (Supella longipalpa) und die Waldschabe (Ectobius sylvestris).

Die langen dünnen Fühler, der abgeflachte ovale Körper, die mit Dornen besetzten Laufbeine, die Haftlappen an den Füßen und die Cerci, zwei seitlich am Hinterleibsende herausstehende Zapfen, sind die Hauptmerkmale dieser Kriechinsekten.

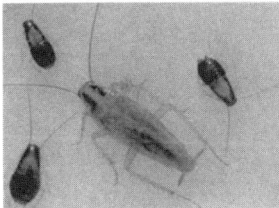

Abb. 1.1-1   **Adulte deutsche Schabe mit Nymphen** (Quelle: Frowein GmbH & Co.)

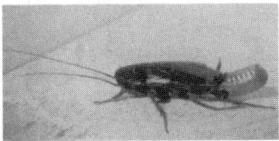

Abb. 1.1-2   **Orientalische Schabe mit Eipaket**
(Quelle: Gemex Hygiene und Vorratsschutz GmbH)

1.1.2 Biologie und Verhalten

Die Schaben durchlaufen eine unvollkommene Entwicklung (Hemimetabolie). Kennzeichen ist hierbei das fehlende Puppenstadium. Im Gegensatz zu den anderen Insekten, die eine vollkommene Entwicklung von Ei, Larve über Puppe zum Imago durchlaufen, bildet die Schabe Eipakete, die sogenannten Ootheken. Diese Eipakete werden je nach Schabenart einige Zeit mit sich herumgetragen und dann abgelegt. Im Eipaket findet die Embryonalentwicklung statt. Die Hülle dieses Eipaketes ist gegenüber Schädlingsbekämpfungsmitteln unempfindlich, daher können auch Tage oder Wochen nach insektiziden Maßnahmen noch lebensfähige Larven schlüpfen.

Tab. 1.1-1 Aussehen – Unterschiede zwischen der Deutschen Schabe und der Orientalischen Schabe

Eilarve	Eipaket	Geschlechtstier	
3 mm, nahezu schwarz spätere Stadien 8 – 10 mm, gelbbraun	6 × 3 × 2 mm, an Ecken und Seiten abgerundet, deutliche Kammerung, braun, 30 – 40 Embryonen im Eipaket	Halsschild mit zwei dunklen Längsstreifen 10 – 15 mm, gelbbraun, C: Hinterleib ist breiter, Flügelspitzen länger als der Hinterleib F: schlank, Hinterleibspitze überragt die Flügelspitzen	Deutsche Schabe
6 mm, zunächst gelbbraun, später fast schwarz	10 × 5 mm, keine Kammerung, Naht nur an einer Längsseite, dunkelbraun bis schwarz, 16 Embryonen im Eipaket	Schwarzbraun bis schwarz, C: 25 – 28 mm, kurze zurückgebildete Flügel F: ca. 23 mm Flügel bedecken 2/3 des Hinterleibs, flugunfähig	Orientalische Schabe

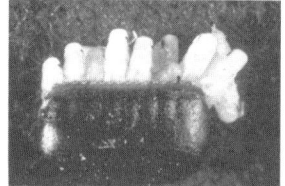

Abb. 1.1-3 Oothek mit schlüpfenden Schaben
(Quelle: Gemex Hygiene und Vorratsschutz)

Behr's Verlag Hamburg

Schaben sind nachtaktive Insekten. Die Hauptaktivitätsphase der Deutschen Schabe liegt bei 22.00–23.00 Uhr und 4.00–5.00 Uhr, die der Orientalischen Schabe bei 24.00 Uhr. Am Tage umherlaufende Schaben charakterisieren in der Regel einen starken Befall. Sie sind auf der Suche nach Unterschlupfmöglichkeiten und Nahrung.

1.1.3   Typische Aufenthaltsorte

Die ursprüngliche Heimat der Deutschen Schaben ist Südostasien, die der Orientalischen Schaben ist Nordafrika.

Um überleben zu können benötigen sie gleichmäßige Wärme (24–26 °C), ausreichende Luftfeuchtigkeit (65 %) und Unterschlupfmöglichkeiten. Tagsüber ruhen die Schaben normalerweise in sehr engen Spalten, Ritzen und Fugen. Sie benötigen den Kontakt zu einer Auf- oder Unterlage. Mit dem Kot ausgeschiedene Aggregationspheromone locken weitere Insekten zu den gemeinsam genutzten Ruheplätzen.

Tab. 1.1-2   **Entwicklung – Unterschiede zwischen der Deutschen Schabe und der Orientalischen Schabe**

Gesamt- entwick- lungszeit (in Abhän- gigkeit von der Tempe- ratur [°C])	Anzahl der Häutungen	Tragzeit der Eipakete	Zahl der Eipakete	Optimaler Tempera- turbereich für die Ent- wicklung	Lebens- dauer der erwachse- nen Insek- ten	
30 °C 4 – 5,5 Monate 22 °C 4–8 Monate	5 – 10	25 – 27 Tage	3 – 4	27 – 30 °C	ø 260 Tage	Deutsche Schabe
30 °C 1,5 – 2 Monate 22 °C 10 – 18 Monate	7 – 10	1,5 Tage	8	25 °C	ø 5 – 6 Monate	Orientalische Schabe

Die idealen Verstecke sind im Bereich von Warmwasserleitungen, hinter Kühl- und Tiefkühlgeräten und Aggregaten, hinter Verkleidungen von Kochgeräten, Spülmaschinen und anderen technischen Geräten, in Wanddurchbrüchen, innerhalb der Schutzhülsen für Elektrokabel, in Hohlprofilen aller Art, hinter Wandschränken, Vorbereitungstischen und Regalen mit Rückwänden, im Bereich der Speisenausgabe und Getränketheken, in Gullys und Müllabwurfschächten.

1.1.4   Bevorzugte Nahrung

Die Schaben sind in ihrer Nahrungswahl wenig anspruchsvoll. Sie sind ausgesprochene Allesfresser, selbst vor ihren eigenen Artgenossen schrecken sie nicht zurück.

Abb. 1.1-4   Orientalische Schaben bei der Nahrungsaufnahme
(Quelle: Frowein GmbH & Co.)

1.1.5   Risiken und Schäden

Schaben sind Krankheitsüberträger. Auf ihrer Nahrungssuche kommen Sie mit den verschiedensten Krankheitserregern in Berührung. Sie leisten Vektorarbeit bei der Übertragung von Bakterien, Viren, Wurmeiern, toxinbildenden und humanpathogenen Pilzen und sind Zwischenwirte für einige Helminthen.

Zwei Möglichkeiten der Verschleppung von Mikroorganismen kommen in Betracht:

*   Übertragung durch am Schabenkörper haftende Keime, d. h. mechanischer bzw. azyklisch-taktiler Übertragungsweg.

*   Übertragung der Keime durch Ausscheidung mit dem Kot oder erbrochenem Vormageninhalt der Schabe, d. h. azyklisch-exkretorischer Übertragungsweg. Viele Keimarten können sich im Vormagen vermehren und anreichern.

Weitere Schäden entstehen durch Fraß, Verunreinigung der Lebensmittel, Gebrauchsgegenstände und Oberflächen durch Häutungsreste, Kot und erbrochenem Vormageninhalt. Die Stoffwechselprodukte und Häutungsreste der Schaben können Auslöser für Allergien sein. Ein massiver Schabenbefall kann Kurzschlüsse bei Gerätschaften verursachen.

Tab. 1.1-3   Schaben als Krankheitsüberträger

Keimübertragung durch	Nachgewiesene Keime an und in Schaben; [Auszug]	Keimübertragung auf	Erkrankungen des Menschen
Körperoberfläche	E. coli	Lebensmittel	Infektionen des Urogenitaltraktes
Verdauungstrakt	Staphylococcus ssp.	Gebrauchs-gegenstände	Eiterungen + Entzündungen
Kot	Diplococcus mucosus	Arbeitsflächen	Lungenentzündung + Mittelohrvereiterung
Vormageninhalt	Proteus sp.		Durchfall
	Shigella sp.		Bakterienruhr
	Salmonella ssp.		Darmerkrankungen + Typhus + Paratypus
	Yersinia pestis		Pest
	Mycobacterium leprae		Lepra
	Mycrobakterium tuberculosis		Tuberkulose
	Vibro cholerae		Cholera
	Hefen, Pathogene Pilze, Toxinbildner		

1.2   Mäuse

1.2.1   Aussehen

Die Hausmaus (Mus musculus) ist das kleinste vorrats- und materialschädigende Nagetier von den drei am häufigsten auftretenden Schadnagern in Deutschland. Dazu zählen die Wanderratte (Rattus norvegicus), die Hausratte (Rattus rattus) und die Hausmaus (Mus musculus).

Hauptmerkmal der Hausmaus sind die besonders großen Augen und Ohren und der mindestens körperlange Schwanz. Insgesamt treten in Deutschland drei Unterarten der Hausmaus auf, die sich äußerlich hauptsächlich durch die artspezifische Fellfärbung unterscheiden lassen.

Eine erwachsene Hausmaus wiegt ca. 12–30 g und wird ca. 6–9 cm lang. Hinzu kommt der Schwanz, der eine Länge von ca. 7–10 cm aufweist. Die Hausmaus ist hellgrau bis hellbraun gefärbt, die Behaarung an Schwanz und Ohren ist spärlich.

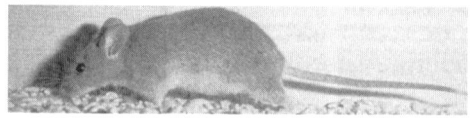

Abb. 1.2-1   Maus (Quelle: Frowein GmbH & Co.)

1.2.2   Biologie und Verhalten

Die Hausmaus wirft nach ca. 19 Tagen Tragzeit zwischen 4–8 Jungtiere, die nach etwa 8–12 Wochen geschlechtsreif sind. Die Anzahl der Würfe pro Jahr schwankt sehr stark. Durchschnittlich rechnet man aber mit 6–10 Würfen pro Jahr. Die Jungtiere kommen blind, taub und nackt zur Welt. Die Lebenserwartung der Maus liegt bei 1–3 Jahre. In Gebäuden pflanzen sich die Mäuse ganzjährig fort. Im Freien reicht die Fortpflanzungszeit von Frühjahr bis Herbst

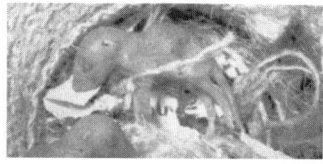

Abb. 1.2-2   Mäusebabys (Quelle: Frowein GmbH & Co.)

Entwicklung

4.–5. Tag:	Ohröffnung
12.–15. Tag:	Augenöffnung
15. Tag:	Vollständiges Haarkleid
25.–30. Tag:	Entwöhnung

In der Dämmerung und in der Nacht sind die Hausmäuse am aktivsten.

Hausmäuse weisen ein starkes Territorialverhalten auf und leben in geordneten Familienverbänden, wobei ein Männchen mehrere Weibchen hat. Markiert wird ihr Territorium durch mehrmaliges Absetzen von Urintröpfchen. Der Aktionsradius ist abhängig von der Mäusepopulation und dem Nahrungsangebot, meist liegt er bei 4–5 m^2.

Die Hausmaus ist ein guter Kletterer, Springer und Schwimmer.

Ihr Sehsinn spielt eine untergeordnete Rolle. Sie ist farbenblind und kurzsichtig. Viel wichtiger ihr gut ausgeprägter Geruchs-, Hör- und Tastsinn.

1.2.3 Typische Aufenthaltsorte

Mäuse bevorzugen Aufenthaltsorte in warmen und trockenen Bereichen. Sie halten sich hinter Verkleidungen von Kühlgeräten aller Art, in der Isolierung von Außenwänden, im Bereich von Warmluftkanälen und -schächten, in Zwischenwänden von Stockwerken, in Vorratsräumen und Schränken, unter Regalen und in Zwischenböden auf.

Abb. 1.2-3   Mäusenest (Quelle: Gemex Hygiene und Vorratsschutz GmbH)

1.2.4 Bevorzugte Nahrung

Die Hausmaus ernährt sich von pflanzlichen aber auch von tierischen Produkten. Sie nascht an verschiedenen Pflanzensamen, wie Getreide und Sonnenblumenkerne, verzehrt Nüsse, Schokolade, Gebäck, Obst, Käse oder Geräuchertes. Die durchschnittliche Nahrungsmenge liegt bei 3 g pro Tag. Ihr Flüssigkeitsbedarf ist dabei gering, meist genügt ihr der Wassergehalt aus der aufgenommenen Nahrung. Hausmäuse fressen zwischen 18–25-mal pro Tag und wechseln zu etwa 15–30 verschiedenen Futterstellen. Sie ist gegenüber neuen Futterplätzen sehr interessiert.

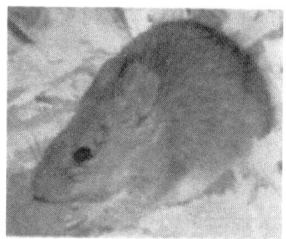

Abb. 1.2-4   Maus fressend (Quelle: Frowein GmbH & Co.)

1.2.5   Risiken und Schäden

Die Hausmäuse sind Material-, Vorrats- und Hygieneschädlinge.

Durch ihre Fraßtätigkeit und ihre Fraßgewohnheiten kommt es zu größten Material-schäden. Auch technische Defekte lassen sich auf nagefreudige Hausmäuse zurück-führen.

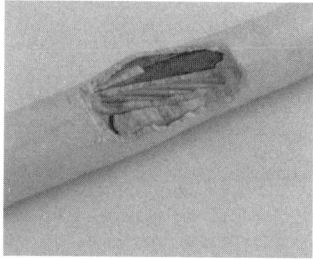

Abb. 1.2-5   Fraßschaden an einem Kabel
(Quelle: Gemex Hygiene und Vorratsschutz GmbH)

Sie verderben Lebensmittel durch abgesetzten Kot, Urin und Haare. Am Tag setzt die Maus bis zu 50–60 Kotballen ab.

Hausmäuse übertragen Bakterien, Viren, Pilze und Parasiten, die beim Menschen Krankheiten verursachen können.

Durch die Hausmaus verursachte Krankheiten sind beispielsweise:

• Hantavirus

• Weil'sche Krankheit

• Salmonellose

- Murines Fleckfieber

- Trichinose

- Rickettsienpocken

Tab. 1.2-1   Schadnager als Krankheitsüberträger

Keimverbreitung humanpathogener Erreger bei Schadnagern			
Aktiv	**Passiv**	**Passiv**	**Passiv**
Übertragung durch Biss eines Nagetieres	Taktile Verbreitung = Übertragung durch am Mäusekörper (Fell, Füße) haftende Keime	Übertragung der Keime auf Ektoparasiten (Flöhe, Mücken, Milben) mit Wirtskontakt zum Menschen	Übertragung der Keime auf Haus- und Nutztiere, die direkten Kontakt zum Menschen haben
	Exkretorische Verbreitung = Übertragung durch Ausscheidung von Kot und Urin Keimverbreitung durch im Speichel vorhandene Keime		

1.3 Ratten

1.3.1 Aussehen

Außer der Hausmaus treten in Deutschland die Wanderratte (Rattus norvegicus) und die seltener vorkommende Hausratte (Rattus rattus) als Hygiene- und Vorratsschädlinge auf. Die Wanderratte stammt aus Ostasien, die Hausratte aus Südostasien. Durch den Schiffsverkehr konnten sie sich weltweit verbreiten und ansiedeln.

Die Hausratte ist kleiner, schlanker und leichter als die Wanderratte. Hauptmerkmale der Hausratte sind die großen Augen und die großen, unbehaarten Ohren, die deutlich aus dem Fell hervorragen sowie die spitze Schnauze.

Die Wanderratte ist die Größte unter den drei genannten Schadnagern. Sie ist sehr kräftig gebaut, ihr Kopf wirkt dabei sehr massig und ihre Schnauze ist stumpf. Sie wiegt 200–450 g, ist insgesamt ca. 35–46 cm lang, wobei die Schwanzlänge ca. 19–25 cm beträgt. Die Ohren sind klein, rund, behaart und ragen nur zur Hälfte aus dem Fell heraus.

Abb. 1.3-1   Ratte auf Lebensmittel (Quelle: Frowein GmbH & Co.)

1.3.2   Biologie und Verhalten

Geruchssinn, Tastsinn, Geschmackssinn und Gehör sind bei den Ratten sehr gut ausgeprägt. Auch das Balancieren auf Kabeln, Stricken und Rohren meistern sie ausgesprochen gut.

Ratten sind kurzsichtig und farbenblind.

Geschlechtsreif ist die Wanderratte ungefähr 75 Tage nach ihrer Geburt. Sie ist ca. 22–24 Tage trächtig, bevor sie im Durchschnitt 9 Jungtiere pro Wurf zur Welt bringt. Wie die Jungtiere der Hausmaus, kommen auch diese nackt und blind zur Welt. Die Weibchen können 3–5-mal pro Jahr trächtig werden.

Die Hausratte wird nach ungefähr 68 Tagen geschlechtsreif und bringt nach einer Tragzeit von 20–22 Tagen 6 Jungtiere zur Welt. Sie sind die besseren Kletterer und Springer und weniger angriffslustig als die Wanderratten.

Wander- und Hausratte sind nachtaktive und soziale Tiere, die in Rudeln leben. Kämpfe zwischen den Tieren kommen gelegentlich vor, um die Rangordnung festzulegen.

Das Alter der Tiere schwankt. In Freiheit jedoch werden sie üblicherweise nicht älter als ein Jahr.

1.3.3   Typische Aufenthaltsorte

Hausratten treten selten außerhalb des Gebäudes auf. Vielmehr besiedeln sie das Gebäudeinnere, vorwiegend oberhalb des Erdbodens, am beliebtesten sind Scheunen, Mühlen, Lagerhäuser, Dachböden und Zwischendecken. Hier haben sie einen relativ großen Aktionsradius.

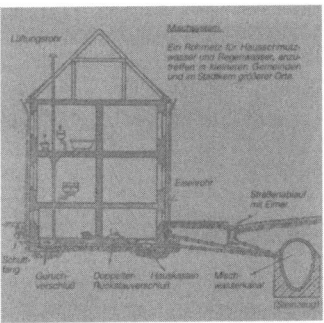

Abb. 1.3-2   Kanalsystem eines Hauses (Quelle: Frowein GmbH & Co.)

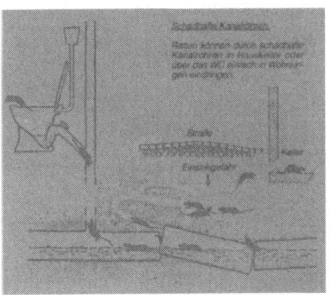

Abb. 1.3-3   Eintrittsmöglichkeiten für Ratten durch schadhafte Kanalröhren
(Quelle: Frowein GmbH & Co.)

Die Wanderratten leben vorwiegend außerhalb von Gebäuden. Falls die Innenbereiche des Gebäudes besiedelt werden, findet man sie am häufigsten in den Kellerräumen und den Bereichen der Betriebstechnik, z. B. in Räumen der Elektroversorgung, Wasseraufbereitung, Müllaufbewahrung. Im Außengelände findet man sie verstärkt in Bereichen der Abfallentsorgung, d. h. an Abfallcontainerstellplätzen, Komposthaufen, Müllplätzen, an Flussufern, Teich, oder Seeufern, in Parkanlagen, Schulhöfen, in der Kanalisation und in Tierzuchtanstalten, vor allem in Schweinemastbetrieben und Geflügelzuchten.

Ihre Umgebung kennen die Tiere sehr genau. Veränderungen gegenüber reagieren sie sehr misstrauisch und vorsichtig.

1.3.4 Bevorzugte Nahrung

Die Hausratte bevorzugt eher pflanzliche Kost, wie Getreide, Obst und Gemüse, ölhaltige Samen. Pro Tag benötigt Sie eine geringere Wassermenge als die Wanderratte. Das Fressverhalten der Hausratte ähnelt dem der Hausmaus, d. h. sie frisst öfters und dafür an mehreren Stellen.

Wanderratten gelten als Allesfresser. Sie ernähren sich von tierischen und pflanzlichen Produkten. Außer Getreide und Samen, fressen sie auch Frösche, Schnecken, Mäuse und Jungvögel. In Zuchtfarmen kann es vorkommen, dass junge Ferkel oder Küken von Ratten totgebissen und angefressen werden. Gegenüber neuen Futterquellen sind Ratten sehr misstrauisch und vorsichtig.

1.3.5 Risiken und Schäden

Ratten sind Vorrats- und Materialschädlinge, die außer Ekelerregung auch enorme Schäden verursachen, z. B. unterwühlen sie Uferböschungen, Grünanlagen, Hauseingänge, Gleisanlagen. Sie zerstören Kabel- und Rohrleitungen durch ihre Nageaktivität, verderben Nahrungsmittel durch abgesetzten Urin und Kot und beschädigen Verpackungsmaterial. Eine jedoch noch weit größere Gefahr ist die Gesundheitsgefährdung des Menschen durch aktive oder passive Übertragung von Viren, Bakterien, Protozoen oder Helminthen. Krankheiten, die durch die Ratte als Überträger nachgewiesen wurden, sind beispielsweise die Weil'sche Krankheit, Tollwut, Trichinose, Maul- und Klauenseuche und die Pest.

1.4 Motten

1.4.1 Aussehen

Die Dörrobstmotte (Plodia interpunctella) ist 6–9 mm lang mit einer Flügelspannweite von 15–20 mm.

Befindet sich die Motte in Ruhestellung, gleicht sie einem spitz zulaufenden Dreieck.

Ihre Vorderflügel sind zweifarbig, d. h. an den äußeren Enden kupferrot und innen silbergrau bis ockerfarben. Zwischen dem äußeren und dem inneren Flügelabschnitt ist eine dunkelblaue bis schwarze Trennlinie zu erkennen. Die Hinterflügel sind grau.

Behr's Verlag Hamburg

Abb. 1.4-1   **Dörrobstmotte** (Quelle: Frowein GmbH & Co.)

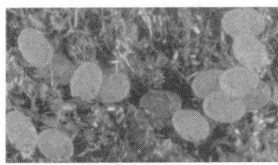

Abb. 1.4-2   **Eier der Dörrobstmotte** (Quelle: Frowein GmbH & Co.)

Die geschlüpften Larven sind 1–1,5 mm lang. Die erwachsenen Larven werden bis zu 20 mm lang. Ihre Färbung hängt von der aufgenommenen Nahrung ab und reicht von weiß, grünlich bis rötlich. Der Kopf der Raupe ist braun.

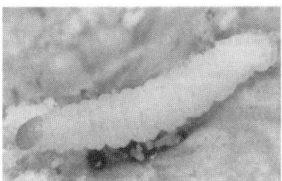

Abb. 1.4-3   **Raupe der Dörrobstmotte** (Quelle: Frowein GmbH & Co.)

Die Puppe hat eine Größe von 6–8 mm und liegt eingeschlossen und geschützt in ihrem Kokon.

1.4.2   Biologie und Verhalten

Die Dörrobstmotte durchläuft eine vollkommene Entwicklung (Holometabolie). Die Entwicklung reicht vom Ei über die Larve und Puppe zum Imago.

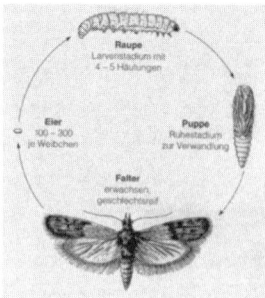

Abb. 1.4-4   Entwicklungszyklus einer Motte (Quelle: Frowein GmbH & Co.)

Der Lebenszyklus dauert 4–6 Wochen.

Das Weibchen legt ca. 100–300 Eier meist direkt ins Nährsubstrat. Die Eiablage erfolgt nachts. Im Ei findet die Embryonalentwicklung statt. Drei bis acht Tage nach der Eiablage schlüpfen die Larven und beginnen unter ständiger Spinntätigkeit sofort mit der Nahrungssuche und Aufnahme.

Die Hungerfähigkeit der Primärlarve beträgt maximal 2 Tage.

Die Larven häuten sich während der Fressphase 4–5-mal.

Die Entwicklungsdauer im Nährsubstrat beträgt je nach Temperatur 20–50 Tage.

Nach abgeschlossener Fressphase beginnt die Wanderphase. Die Larven suchen dabei geeignete Stellen zur Verpuppung, meist an Decken gelegene Ritzen, Ecken und Spalten.

Die Wanderphase beträgt 3–10 Tage.

Zum Ende des Larvenstadiums erfolgt die Häutung zur Puppe.

Das Puppenstadium dauert 7–16 Tage.

Nach vollzogener Umwandlung schlüpft der Falter. Der Falter ist in den 1–3 Wochen, die er noch lebt, mit der Paarung und Eiablage beschäftigt. Zur Partnersuche sondern die Weibchen ein Sexualpheromon ab. Die Männchen nehmen über ihre Antennen den Duftstoff aus großer Entfernung auf. Dann fliegen sie im Zick-Zack-Flug zur Geruchsquelle und paaren sich mit dem Weibchen.

Die Temperatur und die Luftfeuchte beeinflussen die Entwicklung. Je nach klimatischen Bedingungen entwickeln sich 2–5 Generationen pro Jahr.

Motten sind nachtaktive Insekten. Aktivitätszeiten liegen zwischen Dämmerung und Mitternacht.

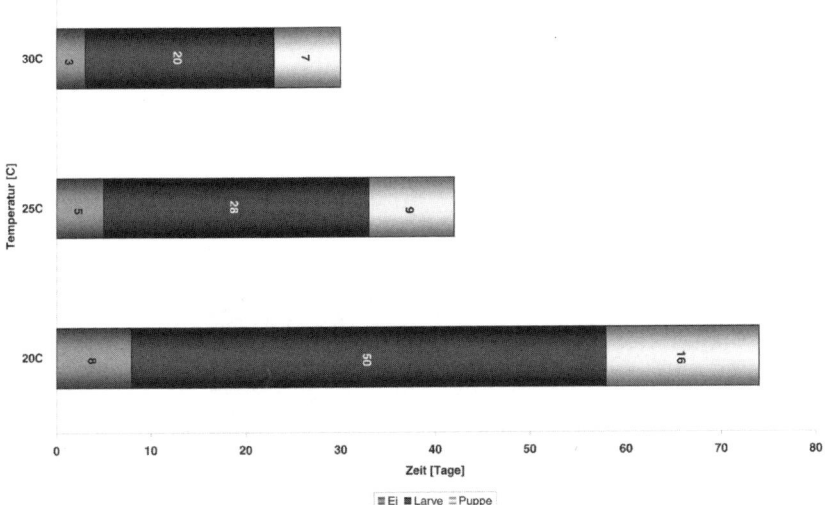

Abb. 1.4-5   Abhängigkeit der Entwicklungsdauer von der Temperatur

Die Larven sind gegenüber niedrigen Temperaturen nicht sehr empfindlich. Sie können in unbeheizten Lagerräumen sogar überwintern. Sie fallen in eine sogenannte Ruhepause, die über mehrere Monate dauern kann. Bei ansteigender Temperatur oder längerer Sonneneinstrahlung wird mit der Entwicklung fortgesetzt. Erhöhte Absterberaten sind erst bei einer Temperatur von über 30 °C festzustellen.

1.4.3   Typische Aufenthaltsorte

Tagsüber sitzen die Motten regungslos an Wänden und Decken, unter Regalböden in dunklen Ecken. Sie halten sich gern in der Nähe von Rohwaren und Vorräten auf. Nicht sorgfältig verschlossene Tüten aus Celophan, Kunststoff, Papier oder Pappe stellen kaum Hindernisse für die Larven dar.

1.4.4   Bevorzugte Nahrung

Die Dörrobstmotte befällt viele pflanzliche Produkte:

- Trockenfrüchte (Datteln, Rosinen, Aprikosen, Birnen)
- Tiernahrung aller Art (Hundekuchen, Heu)

- Getreide und Getreideprodukte
- Trockengemüse und Hülsenfrüchte
- Pilze
- Nüsse
- Gewürze, Heilkräuter
- Kaffee
- Süßigkeiten aller Art (Milchpulver, Schokolade, Marzipan)

Abb. 1.4-6   Mottenbefall im Innenraum einer Maschine
(Quelle: Gemex Hygiene und Vorratsschutz GmbH)

1.4.5   Risiken und Schäden

Die Dörrobstmotte ist ein Vorratsschädling. Schäden entstehen hauptsächlich durch den Larvenfraß, Häutungsreste, Kot und Verunreinigungen bzw. Verklumpen der Ware durch Spinntätigkeit.

1.5   Fliegen

1.5.1   Aussehen

Die Ordnung der Dipteren (Zweiflügler) wird in zwei Unterordnungen, die Mücken (Nematocera) und die Fliegen (Brachycera) eingeteilt. Die Größe und Körperform der Dipteren ist dabei sehr unterschiedlich. Die Mücken sind meist schlank und langbeinig. Die übrigen Dipteren sind eher dick, stark behaart und beborstet. Die Flügel der Insekten bestehen aus Vorderflügeln und Hinterflügeln, die zu Schwingkölbchen zurückgebildet sind. Die Mücken haben stechend-saugende Mundwerkzeuge, die Fliegen besitzen stechend-saugende oder leckend-saugende Mundwerkzeuge.

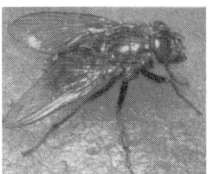

Abb. 1.5-1   Blaue Fleischfliege (Quelle: Frowein GmbH & Co.)

1.5.2   Biologie und Verhalten

Fliegen sind Insekten, die uns weltweit in fast allen Lebensbereichen begegnen. Nahrungsangebot, Temperatur und Umgebung bestimmen deren Häufigkeit und Auftreten.

Die Fliegen durchlaufen eine vollständige Entwicklung (Holometabolie), das bedeutet die Entwicklung von Ei, Larve über Puppe zum Imago.

In ihrem Leben kann eine Fliege zwischen 300 und 800 Eier legen. Beliebteste Eiablage und Entwicklungsorte sind Plätze von organischen Substanzen tierischer und pflanzlicher Herkunft, d. h. Müllplätze, Dung- und Komposthaufen, Kadaver toter Tiere wie zum Beispiel Mäuse oder Vögel. Die Entwicklungsdauer und Geschwindigkeit ist von mehreren Faktoren abhängig, vor allem von der Temperatur. In einem Bereich von 22–25°C schlüpfen die bein- und kopflosen Maden schon nach zwölf Stunden aus den Eiern. Die Maden bohren sich sogleich in das Nährsubstrat und legen durch unaufhörliches Fressen ein Vielfaches an Gewicht zu, dabei schwankt die Anzahl der Larvenstadien. Bei den Mücken gibt es meistens vier Stadien, bei den Fliegen vier bis acht Stadien. Bis zur Verpuppung bleiben die Maden im Substrat. Zur Verpuppung wandern sie dann in trockenere Bereiche ab. Je nach Fliegenart rechnet man in den mitteleuropäischen Klimazonen mit einer Gesamtentwicklungsdauer von zwei bis vier Wochen.

1.5.3   Typische Aufenthaltsorte

Fliegen halten sich überall dort auf, wo Abfälle anfallen, Vorräte gelagert werden, Nahrungsmittel hergestellt oder in Verkehr gebracht werden, günstige Temperaturen herrschen, schützende Unterkünfte zu finden sind und auch hygienische Missstände vorliegen.

1.5.4   Bevorzugte Nahrung

Fliegen ernähren sich von den unterschiedlichsten Produkten. Abhängig von der Art bevorzugen die einen Tierkadaver, Abfälle, Kot, Wurst- oder Fleischwaren. Die anderen machen sich an Obst oder Fruchtsäfte sowie anderen pflanzlichen Stoffen zu schaffen. Die Fliegen finden ihre Nahrung vorwiegend durch ihre Geschmackssensoren an den Füßen oder über Geruchsreize.

1.5.5   Risiken und Schäden

Als Gesundheits- und Hygieneschädlinge kommen für den Menschen die Vertreter der Fliegen (Brachycera) wie echte Fliegen (Muscidae) z. B. die Stubenfliege, Schmeißfliegen (Calliphoridae), Fleischfliegen (Sarcophagidae) und Lausfliegen (Hippoboscidae) in Betracht.

Die Fliegen sind Überträger von Krankheitserregern, wie z. B. die Erreger des Typhus, des Paratyphus, der Bakterienruhr Ruhr, Hepatitis, Kinderlähmung, Milzbrand, Sommerdiarrhöen und Cholera.

Fliegen fliegen ständig von Ort zu Ort und tragen in ihrer starke Bein- und Körperbehaarung pathogene Mikroorganismen mit sich. So transportieren sie Krankheiten von Aas, Kot und gärendem Abfall auf menschliche Nahrung und hygienische Oberflächen. Deshalb werden diese Fluginsekten auch „Vektoren" genannt.

Auf mehrere unappetitliche Arten verdirbt diese Geißel der Menschheit unsere Lebensmittel: Die Futteraufnahme der Fliegen erfolgt über den Saugrüssel. Dazu muss das Futter vorher durch Speichel oder Erbrochenes verflüssigt werden. So zersetzen die Verdauungskeime der Insekten menschliche Nahrung. Anschließend legen die Brummer viele Eier und die Maden fressen sich durch die Lebensmittel.

Verschmutzen von Oberflächen

Innerhalb weniger Stunden hinterlässt eine Fliege durch ihren Kot bis zu 100 klebrige schwarze Flecken (Durchmesser ca. 0,7 mm) auf Lebensmitteln, Wänden, Fliesen, Fensterscheiben und hygienisch sensible Oberflächen. Das ist zumindest ekelerregend und macht Lebensmittel direkt oder indirekt ungenießbar.

Als extreme Lästlinge haben sich die Wurmfliegen (Pollenia rudis) und die Fruchtfliege (Drosophilidae) einen Namen gemacht.

Die Wurmfliege entwickelt sich zu tausenden in Kuhfladen auf Wiesen. In großen Schwären fliegt sie über viele Kilometer sonnenbeschienene Hausfassaden an. Sinkt die Außentemperatur dringen die Tiere in Massen über Ritzen und Spalten ins Gebäude. Im Inneren überwintern die Tiere und verenden beim Versuch über helle Fenster zu entkommen. Die Betroffenen leiden sehr unter diesen Masseninversionen und flüchten aus den Räumen.

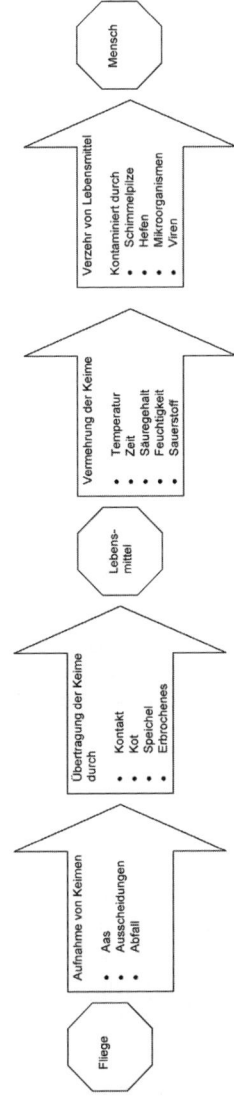

Abb. 1.5-2   Lebensmittelverunreinigung durch Fliegen

Oft steigert sich von Jahr zu Jahr die Fliegenplage, denn die Fassaden sind weiterhin attraktiv und überwinternde Fliegen finden wieder zurück. Das Abdichten der Gebäuderitzen steht im Vordergrund. Um Sekundärschädlingen vorzubeugen sind die toten Insekten in den Hohlräumen abzusaugen.

Taufliegen auch Obst- oder Essigfliegen (Drosophilidae) sind kleine meist zwei Millimeter lange Fliegen die fast überall vorkommen. Wie der Name vermuten lässt bevorzugt die Obstfliege faulende Früchte, Getränkereste in offenen Flaschen oder gärende Lebensmittel in Abflüssen. Die Substrate ziehen massenhaft Fliegen an, die in kürzester Zeit zahllose Eier hinterlassen. Die winzigen Maden fressen sich in die Lebensmittel ein. Die Entwicklung dauert lediglich 14 Tage. Hier helfen alle Maßnahmen, die die Tiere abhalten, vor allem kühle Lagerung von reifem Obst, Reinigung von Getränkeanlagen, getrennte Lagerung von Leergut, regelmäßiges Spülen von Abflüssen und kleinmaschige Insektengitter.

1.6 Schwarzgraue Wegameisen

1.6.1 Aussehen

Die Färbung der Schwarzgrauen Wegameise (Lasius niger) ist variabel, von schwarzmatt bis braun. Die Arbeiterinnen werden ca. 3–5 mm groß, die Königin wird etwa 15 mm groß.

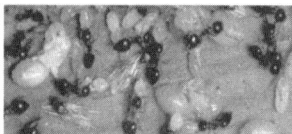

Abb. 1.6-1   **Schwarzgraue Wegameise** (Quelle: Frowein GmbH & Co.)

1.6.2 Biologie und Verhalten

Ameisen können ganzjährig auftreten. Ein erhöhtes Aufkommen ist jedoch vom zeitigen Frühjahr bis zur Schwarmzeit im Sommer zu beobachten, d. h. in befallenen Objekten sind verstärkt auf Nahrungssuche befindliche Arbeiterinnen zu sehen.

Ameisen sind staatenbildende Insekten. Ein Volk besteht aus Königin, Arbeiterinnen und (zeitweise) Männchen. Die Begattung erfolgt während des Schwärmens oder des Hochzeitsfluges. Die Königin wird nur einmal begattet. Sie bewahrt den Samen in ihrem Körper in einer besonderen Samentasche auf und befruchtet aus diesem Vorrat die Eier in Schüben über die Dauer ihres Lebens. Ameisen durchlaufen eine vollkommene Entwicklung (Holometabolie). Die Entwicklung verläuft über Ei – Larve – Puppe – Imago. Mit Ausnahme der Schwarmzeit werden die Eier nur zur Bildung von Arbeiterinnen gelegt. Bei den Arbeiterinnen handelt es sich um weibliche Ameisen, deren Eierstöcke sich im Laufe ihres Lebens zurückbilden. Im Gegensatz zu den Männchen und unbegatteten Königinnen sind die Arbeiterinnen ungeflügelt. Nach der Begattung werfen die befruchteten Königinnen ihre Flügel ab. Die Männchen sterben nach der Paarung. Die Königinnen beginnen, einen eigenen Staat zu gründen. Aus den Eiern entwickeln sich beinlose, segmentierte Larven. Bei den meisten Ameisenarten übernimmt die Königin allein die Pflege der ersten Brut. Sobald die ersten Arbeiterinnen herangewachsen sind, übernehmen diese die Brutpflege, während sich die Königin nun ausschließlich der Eiablage widmet, so dass die Population schnell zunimmt. Die Brutpflege wird stets intensiv betrieben. Die Eier werden durch Ablecken ständig gesäubert. Je nach Erfordernis werden die Larven und die Puppen in die jeweils geeigneten Brutkammern geschleppt, soweit derartige Kammern angelegt werden. Weiterhin wird das Nest sauber gehalten, die Königin betreut, das Volk verteidigt, Baumaterial herangeschleppt und zum Nestausbau verwendet. Schließlich tragen die Arbeiterinnen in ihrem Kropf, der auch als sozialer Magen bezeichnet wird, Nahrung heran und verfüttern sie an die Königin, die Brut und an die Innendienstarbeiterinnen.

1.6.3   Typische Aufenthaltsorte

Viele Ameisenarten, so auch die Schwarzgrauen Wegameisen, legen ihre Nester im Freien unter Steinen, Platten, in Mauerrissen und Dämmmaterialien an. Lediglich auf der Suche nach Nahrung dringen die Ameisen in Gebäude ein. Die Besiedelung erfolgt dabei über undichte Türen, Fenster, Öffnungen, Fugen, Spalten und Risse im Mauerwerk.

Ameisen legen vom Nest zu ihren Nahrungsquellen weite Wege auf sogenannten Ameisenstraßen zurück. Sie markieren diese Straßen durch Duftmarken, denen die Bewohner des betreffenden Volkes folgen. Untereinander erkennen sie sich am nesteigenen Geruch. Weitere Verständigungsarten sind die Fühlersprache, Austausch von Nahrungstropfen, Legen von Duftstreifen zur Information über Nahrungsquellen und optische Signale zur Auslösung von Verteidigungsbereitschaft.

1.6.4   Bevorzugte Nahrung

Ameisen haben ein vielschichtiges Nahrungsspektrum. Im Freien ist die bevorzugte Nahrung Honigtau, die süßen Ausscheidungen der Blattläuse. Sie vertilgen außerdem pflanzliche Nahrung, meist Früchte, aber auch Fleisch und Insekten. In Gebäuden gehen sie gerne an zuckerhaltige Lebensmittel, wie Kuchen, Honig, Konfitüre, usw. Einige Arten tragen Samen ins Nest ein.

1.6.5 Risiken und Schäden

Grundsätzlich gelten Ameisen in den Grünanlagen und besonders im Wald als Nützlinge, da sie viele „Aufräumarbeiten" erledigen. Daher sollte man die Ameisen so weit wie möglich dulden. Es gilt lediglich die Insekten aus dem Gebäude zu vertreiben bzw. am Befall von Lebensmitteln zu hindern. Gesundheitsbeeinträchtigende Bedeutung haben die Ameisen zum Beispiel dann, wenn sie in Lebensmittel verarbeitenden Betrieben auf ihrer Wanderung zwischen Nahrungsquelle und Nest mit Krankheitserregern in Kontakt kommen und diese mit ihrer Körperoberfläche verschleppen.

Ameisen rufen bei einigen Menschen Ekelgefühle hervor. Durch direktes Belaufen von Körperteilen kann es zu einer direkten Belästigung kommen. Beißende oder stechende Ameisen können gesundheitliche Beeinträchtigungen bewirken, die mit einem mehr oder weniger heftigen Schmerz kurz nach dem Stich oder Biss einhergehen. Bei empfindlichen Personen können Quaddelbildungen auftreten. Dabei schwillt die Stichstelle unmittelbar nach dem Stich an. Ameisenstiche rufen meist einen starken Juckreiz hervor. Die Ausschläge und Schwellungen nach Ameisenbissen bzw. -stichen können auch länger anhalten und bis zu allergischen Reaktionen führen.

1.7 Pharaoameisen

1.7.1 Aussehen

Der größte Unterschied der Pharaoameise zu den einheimischen Ameisen ist ihre geringe Körpergröße. Die Arbeiterinnen werden ca. 1,5–2,6 mm, die Männchen etwa 2,8–3,1 mm und die Königinnen bis zu 3,5–4,8 mm groß.

Die Pharaoameise (Monomorium pharaonis) gehört zur Familie der Knotenameisen (Myrmicidae). Charakteristisch ist die bernsteinfarbene Färbung des Körpers mit der dunklen Hinterleibsspitze der Arbeiterinnen. Die Königin ist dunkelbraun, die Männchen schwarzbraun mit blassgelben Beinen gefärbt.

Abb. 1.7-1   Pharaoameisen (Quelle: Gemex Hygiene und Vorratsschule GmbH)

1.7.2 Biologie und Verhalten

Auch die Pharaoameisen gehören zu den staatenbildenden Insekten. Jedes Volk unterhält eine ganze Reihe von Königinnen, die sich nicht nur dem Eierlegen, sondern auch der Nahrungssuche widmen. Das heisst, dass die Königin im Gegensatz zu anderen Ameisenarten ihr Nest verlässt.

Die jungfräulichen Königinnen tragen zwar Flügel, aber es findet kein Hochzeitsflug statt. Die Kopulation erfolgt vielmehr im Nest. Die Nester befinden sich meist tief in Mauerritzen oder Bodenspalten, sind oft sehr verzweigt und schwer auszumachen. Aufgrund ihrer geringen Größe können sie in die Isolation von Strom- und Telefonleitungen vordringen und sich auch auf diese Weise im Gebäude ausbreiten. Ungestörte Populationen können aus bis zu 300.000 Einzeltieren bestehen. Häufig werden Nebenkolonien angelegt, die später getrennt werden. Die optimalen Entwicklungsbedingungen sind 80 % Luftfeuchtigkeit und ca. 27 °C. Bei diesen klimatischen Bedingungen liegt die Entwicklungszeit vom Ei bis zum Insekt unter 50 Tage.

1.7.3 Typische Aufenthaltsorte

Pharaoameisen stammen ursprünglich aus Indien, wurden aber durch den Handel weltweit verbreitet.

Sie sind aufgrund ihrer Kälteempfindlichkeit nur im Gebäudeinneren überlebensfähig. Bevorzugte Aufenthaltsorte sind warme und feuchte Räume in Lebensmittelbetrieben, Badeanstalten, Krankenhäusern, Großküchen, Wäschereien, Hotels, Zoogeschäften und natürlich Gewächshäusern. Kritisch ist der Aufenthalt vor allem in Krankenhäusern oder Heilanstalten. Die Ameisen können aufgrund ihrer Winzigkeit in die engsten Spalten und Ritzen eindringen und kontaminieren so Kanülen, sterile Packungen von Verbandsmaterial, Schläuche für Katheder oder andere chirurgische Instrumente.

1.7.4 Bevorzugte Nahrung

Pharaoameisen sind Allesfresser, d. h. neben zuckerhaltiger Ware, wie Früchte, Marmelade oder Honig nehmen sie auch kohlenhydratreiche Kost zu sich. Bevorzugt werden jedoch eiweißhaltige Stoffe wie Blut, Eiter, Wundsekrete und Aas. Der Eiweißbedarf wird auch durch Aufnahme von Urin, Fäkalien oder Sputum gedeckt.

1.7.5 Risiken und Schäden

Pharaoameisen verschleppen auf ihrer weiten Wanderung die mit der Nahrung und über die Körperoberfläche aufgenommenen Keime auf Lebensmittel und Bedarfsgegenstände und tragen damit zur Verbreitung unerwünschter Mikroorganismen bei. Ihr Auftreten verursacht Ekel. Bettlägerige, frisch operierte Patienten oder Patienten mit schwer heilenden Wunden werden aktiv belaufen, gestochen oder deren entzündeten Wunden befressen. Sie sind Überträger von Krankheitserregern wie zum Beispiel Staphylococcus aureus, Salmonellen, Pseudomonas aeruginosa, E. coli und vielen anderen hygienisch bedenklichen Keimen.

1.8 Schäden durch Schädlinge im Überblick

Tab. 1.8-1   Durch Schaben, Mäuse, Ratten, Fliegen und Ameisen hervorgerufene Schäden

Schadmöglichkeiten	Schaben	Mäuse	Ratten	Fliegen	Ameisen
Fraßschäden an Lebensmitteln	✓	✓	✓	✓	✓
Verschmutzung von Lebensmitteln, Gegenständen und Räumen durch Exkremente, tote Tiere und Nagetierhaare	✓	✓	✓	✓	✓
Schäden durch Befressen von verschiedenen Materialien, wie Leder, Textilien, Papier, Dämmstoffe, Dichtungen, usw.	✓	✓	✓		✓
Hervorrufen von Gesundheitsschäden, wie Darmerkrankungen, Hospitalismus, Allergien, usw.	✓	✓	✓	✓	✓
Psychische Beeinflussung durch Geräusche, Geruch und Ekel	✓	✓	✓	✓	✓
Übertragung von krankmachenden oder verderbniserregenden Keimen auf Lebensmittel oder auf Menschen	✓	✓	✓	✓	✓
Hervorrufen von technischen Defekten, wie Kurzschlüsse	✓	✓	✓		✓
Imageschädigung	✓	✓	✓	✓	✓

Behr's Verlag Hamburg

2 Was der Gesetzgeber verlangt

Der Umgang mit Lebensmitteln und Schädlingsbekämpfungsmitteln unterliegt Gesetzen und Richtlinien.

Lebensmittel, die durch Krankheitserreger oder Chemikalien verunreinigt sind, stellen eine erhebliche Gefahr für Konsumenten dar.

Gesetze und Verordnungen, wie die Lebensmittelhygieneverordnung oder das Lebensmittel-, Bedarfsgegenstände- und Futtermittelgesetzbuch, schreiben für Zielbetriebe Schädlingskontrollen bzw. -bekämpfungen vor.

2.1 Pflichten beim Umgang mit Lebensmitteln

Die Gesundheit der Endverbraucher darf von Lebensmitteln nicht beeinträchtigt werden. Diese Maxime gilt für alle Lebensmitteln auf allen Stufen vom landwirtschaftlichen Betrieb bis zum Verkauf an den Verbraucher.

Dazu wurde 2002 das sogenannte „allgemeine Lebensmittelrecht" für die europäische Gemeinschaft erlassen (= Verordnung (EG) Nr. 178/2002 des Europäischen Parlaments und des Rates vom 28. Januar 2002 zur Festlegung der allgemeinen Grundsätze und Anforderungen des Lebensmittelrechts, zur Errichtung der Europäischen Behörde für Lebensmittelsicherheit und zur Festlegung von Verfahren zur Lebensmittelsicherheit).

Im Jahr 2004 folgte das sogenannte „Hygiene-Paket" der europäischen Gemeinschaft zu den Hygienevorschriften für Lebensmittel, mit folgenden Rechtsakten:

- Verordnung (EG) Nr. 852/2004 über Lebensmittelhygiene

- Verordnung (EG) Nr. 853/2004 spezifische Hygienevorschriften für Lebensmittel tierischen Ursprungs

- Verordnung (EG) Nr. 854/2004 amtliche Überwachung

Diverse Leitfäden für die Durchführung einzelner Bestimmungen aus dem „Hygiene-Paket" helfen die Grundsätze und Definitionen zu verstehen und verweisen auf andere wichtige Bestandteile des Gemeinschaftsrechts (z. B. Leitfaden für die Durchführung einzelner Bestimmungen der Verordnung (EG) Nr. 852/2004 über Lebensmittelhygiene vom 16. Februar 2009).

Hier einige Auszüge zu der Forderung nach systematischer Schädlingsbekämpfung aus der **Verordnung (EG) Nr. 852/2004 über Lebensmittelhygiene** (im folgenden kurz „852/2004 genannt).

„Betriebsstätten, in denen mit Lebensmitteln umgegangen wird, müssen so angelegt, konzipiert, gebaut, gelegen und bemessen sein, dass (...) gute Lebensmittelhygiene, einschließlich Schutz gegen Kontaminationen und insbesondere Schädlingsbekämpfung, gewährleistet ist und (...) (852/2004 Anhang II Allgemeine Hygienevorschriften für alle Lebensmittelunternehmer, Kapitel I, Nummer 2c)

„Es sind geeignete Verfahren zur Bekämpfung von Schädlingen vorzusehen (...)." (852/2004 Anhang II Kapitel IX Vorschriften für Lebensmittel, Nummer 4)

Deutschland entwickelte seine nationale Umsetzung des europäischen „Hygiene-Pakets" zum Schutz der Gesundheit der Verbraucher wie folgt:

Das **Lebensmittel-, Bedarfsgegenstände- und Futtermittelgesetzbuch (LFGB)** von 2005 regelt unter anderem den Verkehr mit Lebensmitteln.

Im § 5 des LFGB Verbote zum Schutz der Gesundheit heißt es: *„Es ist verboten, Lebensmittel für andere derart herzustellen oder zu behandeln, dass ihr Verzehr gesundheitsschädlich ... ist."*

§ 11 LFGB umfasst auch den Schutz des Verbrauchers vor ekelerregenden Lebensmitteln.

§9 LFGB regelt auch den Einsatz von Vorratsschutz- oder Schädlingsbekämpfungsmitteln sowie deren Abbau- und Reaktionsprodukte. Lebensmittel, die dadurch beeinträchtigt wurden, dürfen nicht in den Verkauf und zum Konsumenten gelangen.

In der „Verordnung zur Durchführung von Vorschriften des gemeinschaftlichen Lebensmittelhygienerechts" **LMHV** vom 08. August 2007 werden die allgemeinen Begriffe des LFGB definiert und explizit auf das Gefährdungspotenzial durch Schädlinge hingewiesen.

Im LMHV §3 Allgemeine Hygieneanforderungen wird darauf hingewiesen, dass Lebensmittel *„(...) nur so hergestellt, behandelt oder in Verkehr gebracht werden, dass sie (...) der Gefahr einer nachteiligen Beeinflussung nicht ausgesetzt sind."*

Der LMHV §2 Begriffsbestimmungen erläutert dann auch eindeutig, was unter „*nachteiliger Beeinflussung*" zu verstehen ist: *„ (...) eine ekelerregende oder sonstige Beeinträchtigung von Lebensmitteln, wie durch (...) tierische Schädlinge, (...) tierische Ausscheidungen, (...) Biozid-Produkte (Schädlingsbekämpfungsmittel) (...)."*

Damit wird auch gesetzlich die Bedeutung, die von Schädlingen in Kontakt mit Lebensmitteln ausgehen kann, hervorgehoben. Mit einbezogen werden sichtbare Spuren, wie etwa Kot, lebende oder tote Organismen, Haare, Häutungsreste oder Ähnliches. Doch auch die nicht sofort ersichtlichen Auswirkungen durch Schädlinge verlangen durch die LMHV eine Regelung: infektiöser Urin, Ausscheidungen von Schaben mit nachweislich allergenem Potenzials oder aber die Beeinträchtigungen der Qualität von Lebensmitteln nach Kontakt mit Schädlingen bzw. deren Ausscheidungsprodukten sind hier zu nennen.

„Sonstige Beeinträchtigungen" können für einen Betrieb aber auch heißen, dass auftretender Schädlingsbefall zu einem nicht zu unterschätzenden Arbeitsaufwand für die Mitarbeiter führt: angefressene Ware muss gesichtet und aussortiert sowie der Vernichtung zugeführt werden. Der befallene Bereich muss einer gründlichen Reinigung unterzogen werden, wobei für die Mitarbeiter die Einhaltung von angemessener Schutzkleidung zu berücksichtigen ist. Ekelgefühle haben als weiterer Aspekt Auswirkungen auf die Gesundheit der Mitarbeiter, Schädlinge, die von Kunden und Endkonsumenten bemerkt werden, führen zu beträchtlichen Imageverlusten. Betriebe haben damit auch unabhängig der gesetzlichen Forderung ein Interesse, Schädlinge aus ihrem Wirkungsbereich fern zu halten, bzw. deren Ausbreitung zu verhindern.

Das **Infektionsschutzgesetz IfSG** (seit 2000 in Kraft, 2013/04 aktualisiert) soll die Gefahr, Lebensmittel negativ zu beeinflussen verhindern, besonders die Übertragung von Krankheiten, weder durch Schädlinge noch durch den Menschen.

So verlangt das Infektionsschutzgesetz IfSG im Abschnitt 4, Verhütung übertragbarer Krankheiten, § 18 behördlich angeordnete Entseuchung und Entwesung, Bekämpfung von Krankheitserreger übertragenden Wirbeltieren explizit zugelassenen Verfahren und Mittel. Sowie Infektionsschutzgesetz IfSG Abschnitt 8 § 43 Belehrung, Bescheinigung des Gesundheitsamtes fordert die Kontaktvermeidung zwischen krankheitsübertragender Person und Lebensmittel sowie die jährliche Unterweisung dieser Zusammenhänge.

Nicht zu vergessen die Nachweispflicht des Lebensmittelunternehmers aus der Produkthaftung. Seit 1989: *„(...) trägt der Hersteller die Beweislast"* gemäß Produkthaftungsgesetz (ProdHaftG § 1 Haftung, Nummer 4). Basis dazu ist die EG Richtlinie 85/374/EWG aus dem Jahre 1985.

Um diesen Forderungen nachweislich gerecht zu werden, wird klar, dass das Eigenkontrollkonzept eines Betriebes die Schädlingsvorsorge mit einbeziehen sollte.

2.2   Pflichten beim Töten von Wirbeltieren

Tierschutzgesetz: „Zweck dieses Gesetzes ist es, aus der Verantwortung des Menschen für das Tier als Mitgeschöpf dessen Leben und Wohlbefinden zu schützen. Niemand darf einem Tier ohne vernünftigen Grund Schmerzen, Leiden oder Schäden zufügen" (Quelle Tierschutzgesetz 2010).

Im Tierschutzgesetz wird unter anderem das Töten von Wirbeltieren geregelt. Darunter fallen auch schädliche Wirbeltiere wie Mäuse und Ratten. Der Vollzug des Tierschutzgesetzes fordert für den gewerblichen Betrieb die behördliche Erlaubnis (u. a. Veterinär) zur Bekämpfung von Ratten und Mäusen gemäß §11 Abs. 1 Nr. 3 e TierschG sowie den persönlichen Sachkundenachweis des Servicetechnikers für das Bekämpfen von Wirbeltieren gemäß §4 Abs. 1a TierschG.

Als Auftraggeber tragen Sie die Verantwortung dass diese Nachweise von Ihrem Auftragnehmer vor Arbeitsantritt vorliegen.

Ein alt überliefertes Vorgehen, gefangene Ratten grausam zu Tode zu quälen um Artgenossen zu vertreiben, gehört damit der Vergangenheit an. Ein willkürliches Töten von Wirbeltieren ist strafbar.

2.3 Pflichten beim Umgang mit Schädlings-bekämpfungsmitteln

Beim Umgang mit Schädlingsbekämpfungsmitteln setzt der Gesetzgeber Regeln und gibt Schutzmaßnahmen vor, die sich auf Art und Umfang der Präparate und deren Ausbringungsverfahren beziehen.

Seit 1993 werden durch die Gefahrstoff-Verordnung (GefStoffV) die Anforderungen an die Schädlingsbekämpfung reglementiert. Die letzte Neufassung ist vom 26. November 2010.

Vor dem Hintergrund der EU CLP-Verordnung wurde das sehr einfache Schutzstufenmodell der GefStoffV 2005 und damit die Kopplung an die Kennzeichnung aufgehoben. Die neue GefStoff V 2010 behält zwar Schutzmaßnahmenpakete bei, differenziert aber ausschließlich nach dem Ausmaß der Gefährdung. Denn auch eine Arbeit ohne „Totenkopf-Gefahrstoff" kann eine hohe Gefährdung darstellen, und umgekehrt. Damit finden alle Informationen die über die Kennzeichnung hinausgehen eingang in die Schutzmaßnahmen.

Bei der Gefährdungsbeurteilung gem. §§6 werden alle Regelungen zur Gefährdungsbeurteilung gebündelt – von der Informationsbeschaffung bis zur Dokumentation.

Um eine stärkere Differenzierung zwischen im Arbeitsschutz allgemein gültigen Grundpflichten der Arbeitgeber einerseits und am Ausmaß der Gefährdung orientierten Schutzmaßnahmen andererseits gerecht zu werden, enthält die neue GefStoffV in § 7 einen Katalog von Grundpflichten (Minimierungs-, Substitutionsgebot, Rangfolge der Schutzmaßnahmen; Bestimmungen zur Expositionsermittlung usw.). Die §§ 8 bis 11 enthalten die Schutzmaßnahmenpakete, die gefährdungsbezogen aufeinander aufbauen.

In der Gefahrstoffverordnung *Anhang I Nr. 3 Schädlingsbekämpfung wird die „gewerbsmäßige und nicht nur gelegentliche"* Durchführung von Schädlingsbekämpfungsmaßnahmen geregelt. So dürfen Bekämpfungen nur von Betrieben durchgeführt werden, die bei der zuständigen Behörde ihre Tätigkeit angezeigt haben. Die Anzeige enthält Angaben über die Betriebsstruktur, das heißt, die personelle, räumliche und sicherheitstechnische Ausstattung des Unternehmens, sowie zum Einsatz kommende Mittel und Verfahren. Die Gefahrstoff-Verordnung verlangt, dass Bekämpfungen so durchgeführt werden müssen, dass sie Mensch und Umwelt nicht gefährden. Der zielgerichtete, minimal nötige Einsatz an Schädlingsbekämpfungsmittel verlangen vom Anwender genaue Kenntnisse. Das Wissen über die Biologie der Schädlinge, die Wirkungsweise der Präparate und die Gesamtbetrachtung der Umgebung sind Voraussetzungen für eine erfolgreiche Schädlingsbekämpfung. Fehlen diese, können nicht nur Personen gefährdet, sondern auch der nachhaltige Erfolg einer Bekämpfungsmaßnahme beeinträchtigt werden, da eventuell keine Schädlingstilgung, sondern nur eine Reduzierung stattgefunden hat. Die LMHV stellt die Forderung, dass ausschließlich sachkundige Personen eine sachgerechte Schädlingsbekämpfung durchführen dürfen. Wird eine Schädlingsbekämpfung gewerbsmäßig mit sehr giftigen, giftigen oder gesundheitsschädlichen Stoffen oder Zubereitungen durchgeführt, greift die Technische Regel für Gefahrstoffe: die TRGS 523. Laut TRGS 523 darf die geforderte sachgerechte Bekämpfung ausschließlich von Personen durchgeführt werden, die über eine entsprechende Sachkunde verfügen. Sachkundig ist dabei derjenige, der eine entsprechende Prüfung abgelegt hat oder eine anerkannte Ausbildung vorweisen kann. Punkt 4.5 der TRGS 523 besagt, dass Sachkundige sich „regelmäßig fachlich fortbilden" müssen.

Im Juli 2005 wurde die DIN 10523 Lebensmittelhygiene – Schädlingsbekämpfung im Lebensmittelbereich, veröffentlicht und 2012/10 aktualisiert. Sie ist eine Handlungsanleitung zur Schädlingsbekämpfung in Betrieben und Einrichtungen, die Umgang mit Lebensmitteln haben. Sie stellt einen Leitfaden dar zur Prophylaxe, Einführung geeigneter Kontrollsysteme und Durchführung der Schädlingsbekämpfungsmaßnahmen beim Herstellen, Behandeln und Inverkehrbringen von Lebensmitteln. Sie ist wie alle Normen nicht rechtsverbindlich, werden juristisch aber als „technische Grundlagen" anerkannt.

REACH (Registration, Evaluation, Authorisation and Restriction of Chemicals)-Verordnung (Verordnung (EG) Nr. 1907/2006) ist eine europäische Chemikalienverordnung, die am 1. Juni 2007 in Kraft getreten ist. Sie dient der Registrierung, Evaluierung (Bewertung), Autorisierung (Zulassung) und Restriktion (Beschränkung) von Chemikalien. Die Verordnung hat die Sicherstellung eines hohen Schutzniveaus für die menschliche Gesundheit und die Umwelt zum Ziel. Durch den konkreten Wegfall weiterer verschiedener Wirkstoffe für den Hygienebereich durch die neue EU-Biozid-Verordnung 528/2012 ist die Mittelauswahl stark eingeschränkt. Vor allem die Konzepte zur Entwesung bei Nagetieren sind ganz neu zu überdenken.

So dürfen Fraßköder mit blutgerinnungshemmenden Wirkstoffen (Antikoagulanzien) nicht – wie bisher - als permanente Köder zur Vorbeugung gegen Nagerbefall oder zur Überwachung (Monitoring) von Nageraktivitäten eingesetzt werden. Erlaubt sind giftfreie Köder, Überwachungsgeräte oder Fallen.

Damit rücken die Maßnahmen, die einem Befall vorbeugen, immer stärker in den Vordergrund.

Am 14.11.2007 trat das neue Umweltschadengesetz (USchadG) in Kraft. Damit wurde die EG-Umwelthaftungsrichtlinie 2004/35/EG in deutsches Recht umgesetzt. Die letzte Änderung war am 1. März 2010. Das Umweltschadengesetz regelt eine neue öffentlich-rechtliche Haftung für drei Kategorien von Umweltschäden.

Das sind Schäden an:

- Geschützten Tieren, Pflanzen und Lebensräumen (sog. Biodiversität)

- Eigene und fremde Böden

- Eigene und fremde Gewässer

Das Gesetz enthält in § 13 eine Regelung, nach der ab dem 14. November 2007 die Behörden die Sanierung von Umweltschäden verlangen können, die nach dem 30. April 2007 verursacht wurden. Die Kosten wurden nicht limitiert. Im Störfall, bei Vorsatztatbestand, können strafrechtliche Verfahren gegen Betriebsinhaber/Geschäftsführer und den verantwortlichen Mitarbeiter eingeleitet werden. Für die professionellen Schädlingsbekämpfer, wie auch für verschiedene andere Berufsgruppen, kann dies ein erhebliches vergrößertes Risiko in der Haftung bedeuten. Die Anwendung von Schädlingsbekämpfungsmitteln ist somit einer Vielzahl von Voraussetzungen und Forderungen unterworfen.

2.4 Technische Regeln für Gefahrstoffe (TRGS 523)

Schädlingsbekämpfung mit sehr giftigen und gesundheitsschädlichen Stoffen und Zubereitungen

Vom 15. Januar 1996 (BArbBl. 3/1996 S. 79) zuletzt geändert am 14.Oktober 2003 (BArbBl. 11/2003 S. 77)

Die Technischen Regeln für Gefahrstoffe (TRGS) geben den Stand der sicherheitstechnischen, arbeitsmedizinischen, hygienischen sowie arbeitswissenschaftlichen

Anforderungen an Gefahrstoffe hinsichtlich Inverkehrbringen und Umgang wieder. Sie werden vom

Ausschuss für Gefahrstoffe (AGS)

aufgestellt und von ihm der Entwicklung entsprechend angepasst.

Die TRGS werden vom Bundesministerium für Arbeit und Sozialordnung im Bundesarbeitsblatt (BArbBl.) bekannt gegeben.

Dieses Blatt enthält besondere Schutzmaßnahmen bei der Schädlingsbekämpfung mit sehr giftigen, giftigen und gesundheitsschädlichen Stoffen und Zubereitungen.

Hinsichtlich des Anwendungsbereichs der Umgangsvorschriften der GefStoffV sowie allgemein geltender Begriffsbestimmungen wird auf § 2 Begriffsbestimmungen und § 3 Gefährlichkeitsmerkmale der GefStoffV hingewiesen.

Vorschriften der Verordnung zum Schutz vor gefährlichen Stoffen (GefStoffV) einschließlich der Nummer 3 des Anhang I zur Schädlingsbekämpfung der GefStoffV sind eingearbeitet.

Inhalt

1   Anwendungsbereich

1.1   Diese TRGS gilt für Schädlingsbekämpfung mit sehr giftigen giftigen und gesundheitsschädlichen Stoffen und Zubereitungen sowie Zubereitungen, bei denen die genannten Stoffe oder Zubereitungen freigesetzt werden, wenn diese

a)   gewerbsmäßig oder selbständig im Rahmen sonstiger wirtschaftlicher Unternehmungen bei einem Dritten oder

b)   nicht nur gelegentlich und in geringem Umgang im eigenen Betrieb, in dem Lebensmittel hergestellt, behandelt oder in Verkehr gebracht werden oder in der eigenen in § 48 a des Bundes-Seuchengesetzes (BSeuchG) genannten Einrichtung erfolgt.

1.2   Bei der Durchführung sonstiger Schädlingsbekämpfungsmaßnahmen, die unter den Geltungsbereich der GefStoffV fallen, sind die Schutzmaßnahmen dieser TRGS sinngemäß anzuwenden mit Ausnahme der Nummern 3 und 4 sowie der Anhänge. Insbesondere ist zu prüfen, ob entsprechend Nummer 5 Schädlingsbekämpfungsmittel oder Verfahren mit einem geringen gesundheitlichen Risiko eingesetzt werden können.

1.3   Die Schädlingsbekämpfung ist bereits durch folgende andere Rechtsvorschriften geregelt

— für Begasungen durch Anhang I Nummer 4 der Gefahrstoffverordnung (GefStoffV)
— für den Pflanzenschutz im Pflanzenschutzgesetz
— in der Pflanzenschutzsachkundeverordnung.

1.4   Diese TRGS gilt nicht

— für die vorbeugende Schädlingsbekämpfung
— für Begasungen, dafür gelten die TRGS 512 und 513
— für die Raumdesinfektion mit Formaldehyd, dafür gilt die TRGS 522
— für Desinfektionen

1.5   Auf folgende mitgeltenden Reglungen wird hingewiesen:

— Arbeitsschutzgesetz
— §§ 36 und 45 der Unfallverhütungsvorschrift (UVV) 'Allgemeine Vorschriften' (VBG1/GUV.01)
— UVV 'Arbeitsmedizinische Vorsorge' (VBG 100/GUV.06)
— UVV 'Erste Hilfe' (VBG 109/GUV.03)
— TRGS 514 'Lagern sehr giftiger und giftiger Stoffe in Verpackungen und ortsbeweglichen Behältern'
— ZH 1/701 'Regeln für den Einsatz von Atemschutzgeräten'
— ZH 1/606 'Verzeichnis zertifizierter Atemschutzgeräte'
— TRGS 555 'Betriebsanweisungen'

— TRGS 222 – Verzeichnis der Gefahrstoffe – Gefahrstoffverzeichnis –
— UVV 'Flüssigkeitsstrahler' (VBG 87/GUV 3.9)
— TRB 280 – Betreiben von Druckgasbehältern
— TRGS 507 'Oberflächenbehandlung in Räumen und Behältern'
— Mutterschutzrichtlinienverordnung – MuSchRiV vom 15.04.97 (BGBl. S. 782)
— Zweites Gesetz zur Änderung des Jugendarbeitsschutzgesetzes vom 24.02.97 (BGBl. S. 311)

2   Begriffsbestimmungen

2.1   Schädlingsbekämpfungsmittel sind Stoffe und Zubereitungen, die dazu bestimmt sind, Schädlinge und Schadorganismen oder lästige Organismen unschädlich zu machen oder zu vernichten.

2.2   Die in Anhang II Nummer 2 der GefStoffV aufgeführten Wirkstoffe von Schädlingsbekämpfungsmitteln können bei der Prüfung, ob es sich bei dem zur Anwendung kommenden Produkt um ein Schädlingsbekämpfungsmittel handelt, orientierend herangezogen werden.

2.3   Schädlingsbekämpfungsmittel nach Nummer 2.1 werden zur Schädlingsbekämpfung überwiegend eingesetzt in folgenden Bereichen:

— Gesundheits- und Vorratsschutz sowie besonderer Materialschutz.
— Pflanzenschutz.
— Holz- und Bautenschutz,
— Begasungen in den vorgenannten Bereichen.

3   Anzeigepflicht

3.1   Wer Schädlingsbekämpfungen nach Nummer 1 durchführen oder nach mehr als einjähriger Unterbrechung wieder aufnehmen will, hat dieses mindestens sechs Wochen vor Aufnahme der ersten Tätigkeit der zuständigen Behörde anzuzeigen.

3.2   Die Anzeige muss insbesondere folgende Angaben enthalten:

1. den Nachweis, dass die personelle, räumliche und sicherheitstechnische Ausstattung des Unternehmers für diese Arbeiten ausreichend geeignet ist,
2. die Zahl der Arbeitnehmer, die mit den Schädlingsbekämpfungsmitteln umgehen,
3. a) Bezeichnungen,
   b) Eigenschaften,
   c) Wirkungsmechanismen und
   d) Anwendungsverfahren der zur Schädlingsbekämpfung vorgesehenen Schädlingsbekämpfungsmittel

    e) Verfahren zur Minimierung von Schädlingsbekämpfungsmittelrückständen,

4. die Bereiche der vorgesehenen Schädlingsbekämpfung sowie Zielorganismen, gegen die die Schädlingsbekämpfung durchgeführt werden soll,

5. Ergebnisse der Prüfungen nach § 16 Abs. 2 GefahrstoffV.

3.3   Änderungen von Nummer 3.2, Nr. 1 bis 5, sind mitzuteilen.

4   Personelle Ausstattung

4.1   Eine ausreichende personelle Ausstattung liegt vor, wenn geeignete sachkundige Personen (Sachkundige) beschäftigt werden. Geeignet ist, wer

1. mindestens 18 Jahre alt ist,

2. die für den Umgang mit Schädlingsbekämpfungsmitteln erforderliche Zuverlässigkeit besitzt,

3. durch das Zeugnis eines ermächtigten Arztes im Sinne des § 30 GefStoffV nachweist, dass keine Anhaltspunkte vorliegen, die ihn körperlich oder geistig ungeeignet erscheinen lassen, mit Schädlingsbekämpfungsmitteln umzugehen, sowie

4. der deutschen Sprache ausreichend mächtig ist.

4.2   Die Eignungsuntersuchung nach Nummer 4.1 Nr. 3 ist in Anlehnung an die Empfehlung des BMA zur Durchführung der Eignungsuntersuchung Befähigungsscheininhaber für Begasungen gemäß Anhang V Nummer 5.2 Abs. 2 Nr. 2 GefStoffV durchzuführen. (BArbBl. Heft 5/93 S. 67). „Zeugnismuster für die Eignungsuntersuchung" siehe Anlage 6 zu TRGS 512.

4.3   Sachkundige

4.3.1   Sachkundig ist, wer

1. die Prüfung gemäß der Verordnung über die Berufsausbildung[1] zum Schädlingsbekämpfer/zur Schädlingsbekämpferin vom 15. Juli 2004 (BGBl. I S. 1638) in der jeweils gültigen Fassung abgelegt hat oder

2. die Prüfung gemäß der Verordnung über die Prüfung zum anerkannten Abschluss „Geprüfter Schädlingsbekämpfer/Geprüfte Schädlingsbekämpferin" vom 19. März 1984 (BGBl. I S. 468) in der jeweils gültigen Fassung abgelegt hat oder

---

[1] **Seit 1. August 2004** gibt es keine Umschulung zum Geprüften Schädlingsbekämpfer/ zur Geprüften Schädlingsbekämpferin mehr. Ab diesem Zeitpunkt wird der **anerkannte Ausbildungsberuf** Schädlingsbekämpfer/Schädlingsbekämpferin angeboten. Die Ausbildung dauert drei Jahre.

3. die Prüfung zum Gehilfen oder Meister für Schädlingsbekämpfung nach nicht mehr geltendem Recht in den alten Bundesländern oder nach dem Recht der ehemaligen DDR abgelegt hat oder

4. in einem Mitgliedstaat der Europäischen Gemeinschaften nachweislich eine vergleichbare Sachkunde erworben hat und

5. sich regelmäßig fortbildet.

Sachkundig ist auch, wer eine Prüfung abgelegt oder eine Ausbildung erfolgreich abgeschlossen hat, die von der zuständigen Behörde als den Prüfungen nach Satz 1 gleichwertig anerkannt worden ist. Beschränkt sich die vorgesehene Schädlingsbekämpfung auf bestimmte Anwendungsbereiche, ist sachkundig auch, wer eine Prüfung abgelegt oder eine Ausbildung erfolgreich abgeschlossen hat, die von der zuständigen Behörde für diese Tätigkeiten als geeignet anerkannt worden ist.

4.3.2   Sachkundig ist auch, wer eine Prüfung abgelegt oder eine Ausbildung erfolgreich abgeschlossen hat, die von der zuständigen Behörde als den Prüfungen nach Nummer 4.3.1 gleichwertig anerkannt worden ist.

Beschränkt sich die vorgesehene Schädlingsbekämpfung auf bestimmte Anwendungsbereiche, ist sachkundig auch, wer eine Prüfung abgelegt oder eine Ausbildung erfolgreich abgeschlossen hat, die von der zuständigen Behörde für diese Tätigkeiten als geeignet anerkannt worden ist.

4.4   Bei der nach Nummer 4.3.2 erforderlichen Beurteilung, ob eine Prüfung oder Ausbildung als gleichwertig oder geeignet anerkannt werden kann, sind Anerkennungskriterien nach Anhang I dieser TRGS zugrunde zu legen.

4.5   Der Sachkundige muss sich regelmäßig fachlich fortbilden.

5   Schädlingsbekämpfungsmittel Auswahl und Verzeichnis

5.1   Der Arbeitgeber muss prüfen, ob für den Zielbereich und die Zieltierart Schädlingsbekämpfungsmittel mit einem geringeren gesundheitlichen Risiko als die von ihm in Aussicht genommenen erhältlich sind. Ist ihm die Verwendung dieser Schädlingsbekämpfungsmittel zumutbar und ist die Substitution zum Schutz von Leben und Gesundheit der Arbeitnehmer erforderlich, so darf er nur diese verwenden. Kann der Schutz von Leben und Gesundheit der Arbeitnehmer vor Gefährdung durch das Auftreten von Gefahrstoffen am Arbeitsplatz nicht durch andere Maßnahmen gewährleistet werden, muss der Arbeitgeber prüfen, ob durch Änderung des Herstellungs- und Verwendungsverfahrens oder durch den Einsatz von emissionsarmen Verwendungsformen von Gefahrstoffen, deren Auftreten am Arbeitsplatz verhindert oder vermindert werden kann. Ist dies technisch möglich und dem Arbeitgeber zumutbar, muss der Arbeitgeber die erforderliche Verfahrensänderung vornehmen oder die emissionsarmen Verwendungsformen anwenden. Das Ergebnis der Prüfung nach den Sätzen 1 und 3 ist schriftlich festzuhalten und der zuständigen Behörde auf Verlangen vorzulegen.

5.2   Bei der Prüfung nach Nummer 5.1 sind folgende gefahrenmindernde Grundsätze zu beachten:

— Einsatz geeigneter diagnostischer Verfahren vor und nach der Mittelausbringung zur Ermittlung der Befallstellen und des Befallgrades,
— Einsatz mechanisch-physikalischer Verfahren (Fallen, Köder, Gitter, Klebeflächen usw.),
— gezielte Versteck-, Rast- und/oder Laufflächenbehandlung,
— Anwendung von Stufenverfahren,
— wenn möglich, Kurzzeitmittel einsetzen (nicht bei Verwendung von Insektenwuchsregulatoren und Ködern),
— Mittelwahl ausrichten auf mögliche inaktivierende Eigenschaften der Aufbringflächen (PH-Wert, Feuchte, Temperatur, Ladung, Verschmutzung einschließlich Staubanfall usw.),
— Anwendung Schädlingsgruppen- und stadienorientierter Ausbringungskonzentrationen und -mengen.

5.3   Der Arbeitgeber ist verpflichtet, ein Verzeichnis der Schädlingsbekämpfungsmittel zu führen, mit denen er umgeht. Das Verzeichnis muss mindestens folgende Angaben enthalten:

1. Bezeichnung des Mittels,
2. Einstufung des Mittels oder Angabe der gefährlichen Eigenschaften,
3. Mengenbereiche des Mittels im Betrieb,
4. Arbeitsbereiche, in denen mit dem Mittel umgegangen wird.

Arbeitsbereiche nach Satz 2 Nr. 4 sind z. B. die Teilbereiche, in denen der Betrieb Schädlingsbekämpfungen durchführt. (Nicht erforderlich, soweit in der Anzeige nach Nummer 3 dargelegt). Die Angaben können schriftlich festgehalten oder auf elektronischen Datenträgern gespeichert werden. Das Verzeichnis ist bei wesentlichen Änderungen fortzuschreiben und mindestens einmal jährlich zu überprüfen. Es ist kurzfristig verfügbar aufzubewahren und der zuständigen Behörde auf Verlangen vorzulegen.

6   Organisatorische Maßnahmen

6.1   Schädlingsbekämpfung ist so durchzuführen, dass Mensch und Umwelt nicht gefährdet werden.

6.2   Schädlingsbekämpfungsmaßnahmen nach Nummer 1 dürfen nur solche Personen durchführen, die die Anforderungen nach Nummer 4 erfüllen.

6.3   Hilfskräfte dürfen nur unter der unmittelbaren ständigen Aufsicht des Sachkundigen eingesetzt werden und müssen entsprechend ihrer Tätigkeit nachweislich regelmäßig unterwiesen sein.

6.4   Vor Durchführung der Schädlingsbekämpfung sind der Leiter der betroffenen Einrichtung (Koordinator nach § 6 der UVV VBG 1/GUV 0.1) oder betroffene Personen schriftlich auf die beabsichtigte Schädlingsbekämpfung und auf die mögliche Gefährdung durch Schädlingsbekämpfungsmittel hinzuweisen.

6.5   Ist der Sachkundige nicht während der gesamten Dauer der Schädlingsbekämpfung am Einsatzort anwesend, so ist durch Hinweiszettel auf die laufende Schädlingsbekämpfung aufmerksam zu machen. Dabei ist anzugeben:

1. die bekämpfte Schädlingsart,
2. das eingesetzte Schädlingsbekämpfungsmittel (Handelsname und Kennzeichnung nach Gefahrstoffverordnung,
3. das Anwendungsverfahren,
4. das Datum der Ausbringung,
5. die durchführende Firma (Name, Anschrift, Telefon).

6.6   Verzehrfähige Lebens- und Futtermittel sowie Bedarfs- und Gebrauchsgegenstände (falls diese nicht leicht gereinigt werden können), sind vor der Schädlingsbekämpfung zu entfernen oder verunreinigungssicher abzudecken.

6.7   Vor Beginn der Schädlingsbekämpfung müssen

1. das nächstgelegene Telefon,
2. die Rufnummer des Rettungs- und des Notärztlichen Dienstes,
3. die Rufnummer des Informations- und Behandlungszentrums für Vergiftungen,
4. die Rettungswege und
5. der nächstgelegene Wasseranschluss bekannt sein.

6.8   Der Sachkundige hat insbesondere dafür zu sorgen, dass

1. mit den Arbeiten erst begonnen wird, wenn die in der Betriebsanweisung festgelegten Maßnahmen getroffen sind,
2. sichergestellt ist, dass das Schädlingsbekämpfungsmittel nach der Gebrauchsanweisung des Herstellers eingesetzt wird,
3. die Arbeitnehmer während der Arbeit die vorgesehenen persönlichen Schutzausrüstungen benutzen,
4. ein schnelles Verlassen des Raumes jederzeit möglich ist,
5. Unbefugte und Nichtzieltiere von der Arbeitsstelle ferngehalten und die Benachrichtigung der Betroffenen nach Nummer 6.4 erfolgt ist.

6.9   Freigabe

Räume, in denen Schädlingsbekämpfungen mit Schädlingsbekämpfungsmitteln durchgeführt wurden, dürfen vom Sachkundigen erst dann wieder freigegeben werden, wenn eine gefahrlose Nutzung zulässig ist. Die dafür notwendigen Maßnahmen sind vom Sachkundigen vorzugeben.

6.10   Diese können z. B. in ausreichend langem Lüften, Entfernen von Köderresten, Ergreifen von Abschirmmaßnahmen oder der Reinigung mit empfohlenen Mitteln oder Verfahren bestehen.

6.11   Bei einer Schädlingsbekämpfung muss die Freigabe durch den Sachkundigen schriftlich erfolgen.

7   Sicherheitstechnische Ausstattung und Maßnahmen

7.1   Geräte zur Ausbringung von Schädlingsbekämpfungsmitteln, wie Sprühgeräte, Spritzgeräte und Nebelapparate dürfen nur bestimmungsgemäß und den Bedienungsvorschriften des Herstellers entsprechend verwendet werden. Auf die UVV 'Flüssigkeitsstrahler' (VBG 87/GUV 3.9) wird hingewiesen.

7.2   Geräte zur Ausbringung von Schädlingsbekämpfungsmitteln sind jährlich mindestens einmal auf ihre Funktionstüchtigkeit und sicherheitstechnisch zu überprüfen. Über das Prüfergebnis ist Buch zu führen.

7.3   Änderungen an den Geräten zur Ausbringung von Schädlingsbekämpfungsmitteln dürfen nur durch den Hersteller selbst oder durch von diesem autorisierte Personen vorgenommen werden.

7.4   Werden an Geräten zur Schädlingsbekämpfung Mängel festgestellt, so dürfen diese Geräte erst wieder in Betrieb genommen werden, wenn sie repariert und entsprechend Nummer 7.2 sicherheitstechnisch überprüft worden sind.

7.5   Schädlingsbekämpfungsmittel sind so zu transportieren, dass sie nicht frei werden, und dass die menschliche Gesundheit und die Umwelt durch sie nicht gefährdet werden. Entsprechendes gilt für den Transport von Geräten zum Ausbringen und sonstigen Arbeitsmitteln, die durch Schädlingsbekämpfungsmittel verunreinigt sind. Auf die Gefahrgutverordnung 'Straße' (GGVS) wird hingewiesen.

7.6   Spritzbrühe und Köder sind nach Möglichkeit im Freien anzusetzen. Ansonsten ist für gute Lüftung zu sorgen. Die Gebrauchslösungen dürfen nicht in bewohnten Räumen, in Küchen oder Lagerräumen für Lebens- und Futtermittel zubereitet werden. Es ist nur die für die beabsichtigte Schädlingsbekämpfung erforderliche Menge anzusetzen. Restmengen sind zu vermeiden.

7.7   Beim Herstellen von Spritzflüssigkeiten, Ködern usw. dürfen keine Küchen- oder Essgeräte, Tränk-, Futter- oder Waschgefäße sondern nur für diese Zwecke gekennzeichnete Behälter verwendet werden.

7.8   Die angesetzten Flüssigkeiten, die unverbrauchten fertigen Köder usw., die unverbrauchten Handelspräparate und die benutzten Gerätschaften dürfen nicht unbeaufsichtigt stehengelassen werden. Müssen diese Schädlingsbekämpfungsmittel und die benutzten Gerätschaften über Nacht oder längere Zeit gelagert werden, so sind sie unter Verschluss zu halten oder so aufzubewahren, dass nur sachkundige Personen Zugang haben (siehe auch Nummer 11).

7.9   Es ist so zu arbeiten, dass das Einatmen von Staub, Spritzwolken, Dämpfen, Rauch oder Gasen sowie der Kontakt der Mittel mit den Augen und der Haut vermieden werden. (Siehe auch Nummer 9.6). Spritzer oder Verunreinigungen müssen sofort mit Wasser und Seife abgewaschen werden. Mit Schädlingsbekämpfungsmittel durchnässte Arbeitskleidung ist sofort zu wechseln.

7.10   Nach der Arbeit sind die benutzten Geräte zu reinigen. Die Reste der Gebrauchslösungen usw. sowie die Spülflüssigkeiten dürfen nicht in Gewässer gelangen. Die anfallenden Abfälle sind entsprechend den abfallrechtlichen Regelungen, insbesondere unter Beachtung der Verordnung zur Bestimmung von Abfällen (Abf-BestV) nach §3 Abs. 4 des Kreislaufwirtschafts- und Abfallgesetzes (KrW-/AbfG) und der TA Abfall, Teil 1, als besonders überwachungsbedürftiger Abfall (Sonderabfall) mit den Abfallschlüsseln 53 103/4 und 187 14/15 zu entsorgen. Anfallende Kleinmengen einschließlich verunreinigter Verpackungsmaterialien sollen getrennt gesammelt und auf direktem Wege der kommunalen Problemstoffsammlung zugeführt werden.

8   Hygienische Schutzmaßnahmen

8.1   Arbeitnehmer, die mit Schädlingsbekämpfungsmitteln umgehen, dürfen in Arbeitsräumen oder an ihren Arbeitsplätzen im Freien keine Nahrungs- und Genussmittel zu sich nehmen. Für diese Arbeitnehmer sind Bereiche einzurichten, in denen sie Nahrungs- und Genussmittel ohne Beeinträchtigung ihrer Gesundheit durch Gefahrstoffe zu sich nehmen können.

8.2.1   Arbeitnehmern, die mit Schädlingsbekämpfungsmitteln umgehen, sind Waschräume sowie Räume mit getrennten Aufbewahrungsmöglichkeiten für Straßen- und Arbeitskleidung zur Verfügung zu stellen. Wenn es aus gesundheitlichen Gründen erforderlich ist, sind Umkleideräume für Straßen- und Arbeitskleidung zur Verfügung zu stellen, die durch einen Waschraum mit Duschen voneinander getrennt sind.

8.2.2   Eine Duschmöglichkeit ist zur Verfügung zu stellen, wenn der Hersteller des Schädlingsbekämpfungsmittels in der Gebrauchsanweisung vorgegeben hat, dass nach dem Umgang zu duschen ist.

8.3   Nach Ende des Umgangs mit einem Schädlingsbekämpfungsmittel müssen die Kleidung gewechselt und mindestens Gesicht und Hände mit Wasser und Seife gewaschen werden.

8.4   Arbeits- und Schutzkleidung, die durch den Umgang mit Schädlingsbekämpfungsmitteln verunreinigt worden ist, muss in dichtschließenden Transportbehältnissen transportiert werden. Erforderlichenfalls ist die Kleidung im Anschluss an den Transport im Freien zu lüften.

8.5   Arbeits- und Schutzkleidung ist vom Arbeitgeber zu reinigen, erforderlichenfalls ist sie geordnet zu entsorgen und vom Arbeitgeber zu ersetzen.

8.6   Während des Umgangs mit Schädlingsbekämpfungsmitteln dürfen die Beteiligten nicht unter dem Einfluss von Alkohol oder anderen berauschenden Mitteln stehen.

9   Persönliche Schutzausrüstung

9.1   Der Arbeitgeber hat wirksame und hinsichtlich ihrer Trageeigenschaften geeignete persönliche Schutzausrüstung zur Verfügung zu stellen und diese in gebrauchsfähigem, hygienisch einwandfreien Zustand zu halten und

9.2   Der Arbeitgeber hat dafür zu sorgen, dass die Arbeitnehmer nur solange beschäftigt werden, wie es das Arbeitsverfahren unbedingt erfordert und es mit dem Gesundheitsschutz vereinbar ist.

9.3   Die Arbeitnehmer müssen die zur Verfügung gestellten persönlichen Schutzausrüstungen benutzen. Das Tragen von Atemschutz und von Vollschutzanzügen darf keine ständige Maßnahme sein.

9.4   Vor Beginn der Arbeiten ist vom Arbeitgeber festzulegen, welche persönlichen Schutzausrüstungen zu benutzen sind.

9.5   Ob und welche persönliche Schutzausrüstung bereitgestellt werden muss, ist in Abhängigkeit vom auszubringenden Schädlingsbekämpfungsmittel, vom Ausbringungsverfahren, vom Reinigungsmittel und von der zu bekämpfenden Schädlingsart zu beurteilen. Dabei sind sowohl die Wirkstoffe und die Synergisten als auch die möglichen Hilfsstoffe zu berücksichtigen. Hilfsstoffe können u.a. Netz- und Lösungsmittel, Emulatoren, Anti-Korrosiva und Stabilisatoren sein.

9.6   Je nach Ausbringungsart der Schädlingsbekämpfungsmittel sind mindestens folgende Schutzausrüstungen anzuwenden:

Ausbring-ungsart	Atemschutz/ Augenschutz[1]	Schutz-kleidung	geeignete Unter-bekleidung	Schutz-hand-schuhe	geeignete Schuhe (Material. Form)
Gießen	–	–	–	–	+
Streuen	KB	–	–	+	–
Stauben	P/HM/KB	+	–	+	–
Beschichten*	F/HM	–	–	+	–
Sprühen	FP/VM	+	+	+	+
Spritzen	HM	+	+	+	+
Vernebeln	FP/VM	Übergänge abkleben	+	+	–

KB = Korbbrille	VM = Vollmaske	+ erforderlich
P = Partikelfilter	F = Gasfilter	– nicht erforderlich
HM = Halbmaske	FP = Kombinationsfilter	* Tauchen Bohrlochtränken

[1] Regeln für den Einsatz von Atemschutzgeräten und Verzeichnis zertifizierter Atemschutzgeräte Bestell-Nummer ZH 1/701. Bestell-Nummer ZH 1/606. Zu beziehen beim Carl Heymanns Verlag KG. Luxemburger Straße 449. 50Q39 Köln

9.7 Besteht die Gefahr anderer Verletzungen oder Gesundheitsgefährdung, sind zusätzlich entsprechende persönliche Schutzausrüstungen zu tragen, z. B. Schutzhelm, Schutzbrille, Schutzschuhe, Gummischürze.

10 Arbeitsmedizinische Vorsorgeuntersuchungen

10.1 Der Arbeitgeber darf einen Arbeitnehmer, der Schädlingsbekämpfungsmittel anwendet, die das Tragen von Atemschutzgeräten erfordern

1. nur beschäftigen,
2. nur weiterbeschäftigen,

wenn er von einem ermächtigten Arzt innerhalb der nach der UW VBG 100/GUV 0.6 für das Tragen von Atemschutzgeräten für die erste und die folgenden Vorsorgeuntersuchungen festgelegten Fristen untersucht worden ist.

11 Aufbewahrung und Lagerung

11.1 Schädlingsbekämpfungsmittel sind so aufzubewahren oder zu lagern, dass sie die menschliche Gesundheit und die Umwelt nicht gefährden. Es sind dabei geeignete und zumutbare Vorkehrungen zu treffen, um den Missbrauch oder einen Fehlgebrauch nach Möglichkeit zu verhindern.

11.2   Auf die einschlägigen Regeln der TRGS 514 (ab 50 kg) und der TRG 280 wird hingewiesen.

11.3   Schädlingsbekämpfungsmittel dürfen nicht in solchen Behältnissen, durch deren Form oder Bezeichnung der Inhalt mit Lebensmittel verwechselt werden kann, aufbewahrt oder gelagert werden. Schädlingsbekämpfungsmittel dürfen nur übersichtlich geordnet und nicht in unmittelbarer Nähe von Arzneimitteln, Lebens- oder Futtermitteln einschließlich der Zusatzstoffe aufbewahrt oder gelagert werden.

11.4   Mit 'T$^+$' oder 'T' gekennzeichnete Schädlingsbekämpfungsmittel sind unter Verschluss oder so aufzubewahren oder zu lagern, dass nur sachkundige Personen Zugang haben.

12   Betriebsanweisungen und Unterweisungen

12.1   Der Arbeitgeber hat eine arbeitsbereichs- und stoffbezogene Betriebsanweisung zu erstellen, in der auf die mit dem Umgang mit Gefahrstoffen verbundenen Gefahren für Mensch und Umwelt hingewiesen wird sowie die erforderlichen Schutzmaßnahmen und Verhaltensregeln festgelegt werden; auf die sachgerechte Entsorgung entstehender gefährlicher Abfälle ist hinzuweisen. Die Betriebsanweisung ist in verständlicher Form und in der Sprache der Beschäftigten abzufassen und an geeigneter Stelle in der Arbeitsstätte bekanntzumachen. In der Betriebsanweisung sind auch Anweisungen über das Verhalten im Gefahrfall und über die Erste Hilfe zu treffen.

12.2   Arbeitnehmer, die beim Umgang mit Gefahrstoffen beschäftigt werden, müssen anhand der Betriebsanweisung über die auftretenden Gefahren sowie über die Schutzmaßnahmen unterwiesen werden. Gebärfähige Arbeitnehmerinnen sind zusätzlich über die für werdende Mütter möglichen Gefahren und Beschäftigungsbeschränkungen zu unterrichten. Die Unterweisungen müssen vor der Beschäftigung und danach mindestens einmal jährlich mündlich und arbeitsplatzbezogen erfolgen. Inhalt und Zeitpunkt der Unterweisungen sind schriftlich festzuhalten und von den Unterwiesenen durch Unterschrift zu bestätigen. Der Nachweis der Unterweisung ist zwei Jahre aufzubewahren.

12.3   Bei der Aufstellung der Betriebsanweisung sind die für die Schädlingsbekämpfungsmittel vom Hersteller herausgegebenen Gebrauchsanweisungen einzuarbeiten.

12.4   Der Arbeitgeber ist verpflichtet, werdende oder stillende Mütter sowie die übrigen bei ihm beschäftigten Arbeitnehmerinnen und wenn ein Betriebs- oder Personalrat vorhanden ist, diesen über die Ergebnisse der Beurteilung der Arbeitsbedingungen und über die zu ergreifenden Maßnahmen für Sicherheit und Gesundheitsschutz am Arbeitsplatz zu unterrichten, sobald das möglich ist. (§ 2 Satz 1 MuSchRrV).

13 Beschäftigungsbeschränkungen

Auf die Beschäftigungsbeschränkungen im Jugendarbeitsschutzgesetz und in der Mutterschutzrichtlinienverordnung wird hingewiesen.

14 Erste Hilfe

14.1   Bei der Schädlingsbekämpfung sind geeignete Geräte und Medikamente für die Erste Hilfe bei Vergiftungen gebrauchsfähig bereitzuhalten.

14.2   Die Einrichtungen zur Ersten Hilfe sind jährlich auf Vollständigkeit und Gebrauchsfähigkeit zu überprüfen, z. B. durch Ersthelfer. Über die Überprüfung ist Buch zu führen.

14.3   Die nach der UW 'Erste Hilfe' (VBG 109/GUV 0.3) erforderlichen Ersthelfer sind von einem Arbeitsmediziner in der Ersten Hilfe, insbesondere im Zusammenhang mit den eingesetzten Schädlingsbekämpfungsmitteln, zusätzlich aus- und fortzubilden. Eine Wiederholung und Fortbildung muss mindestens in 2-jährigem Abstand durchgeführt werden. Über die durchgeführten Maßnahmen ist Buch zu führen.

14.4   In der Nähe der Arbeitsbereiche müssen fließendes Wasser und Seife zum Waschen und Spülen verunreinigter Körperteile zur Verfügung stehen.

14.5   Bei Vergiftungen und Hautschädigungen sind die betroffenen Arbeitnehmer unverzüglich einem Arzt vorzustellen.

15 Schädlingsbekämpfung in Gemeinschaftseinrichtungen

15.1   Die Anwendung von Schädlingsbekämpfungsmitteln in Gemeinschaftseinrichtungen, insbesondere Schulen, Kindertagesstätten und Krankenhäusern, ist der zuständigen Behörde schriftlich, in der Regel 14 Tage vor Beginn der Durchführung dieser Tätigkeit, unter Angabe des Umfangs, der Anwendung, des Mitteleinsatzes, des Ausbringungsverfahrens und der vorgesehenen Schutzmaßnahmen mitzuteilen.

15.2   Die Anzeige ist von der Schädlingsbekämpfungsfirma zu erstatten, die die Schädlingsbekämpfung durchführt (Vordruck siehe Anhang II)

15.3   Gemeinschaftseinrichtungen im Sinne von Nummer 15.1 sind

— öffentliche und private, dem allgemeinbildenden und berufsbildenden Unterricht dienende Schulen
— Schülerheime, Schullandheime, Säuglingsheime, Kinderheime, Kindergärten, Kindertagesstätten, Lehrlingsheime, Jugendwohnheime. Ferienlager und ähnliche Einrichtungen

— Krankenhäuser, Entbindungsheime, Kurheime, Altenheime, Altenwohnheime und Pflegeheime, sonstige Einrichtungen zur heimmäßigen Unterbringung und Massenunterkünfte
— sonstige Gemeinschaftseinrichtungen, wie z.b. Kantinen, Schwimmbäder und Museen.

16 Dokumentation

16.1 Anwendungen von Schädlingsbekämpfungsmitteln sind ausreichend zu dokumentieren. Die Aufzeichnungen sind mindestens fünf Jahre aufzubewahren und auf Verlangen der zuständigen Behörde vorzulegen.

16.2 Die Dokumentation ist vom Sachkundigen in Anlehnung an Anhang II vorzunehmen.

Anhang I zur TRGS 523

Anerkennungskriterien

1 Anwendungsbereiche

Die Anerkennung der Sachkunde nach den Nummern 4.3.2 und 4.4 dieser TRGS kann nach derzeitigem Stand der Technik für die folgenden genannten Teilbereiche der Schädlingsbekämpfung vorgenommen werden:

— Gesundheits- und Vorratsschutz sowie besonderer Materialschutz
— Pflanzenschutz
— Holz- und Bautenschutz

2 Nachweise

2.1 Für die nach Nummer 4.3.2 dieser TRGS mögliche Anerkennung der Sachkunde durch die zuständige Behörde sind folgende Nachweise erforderlich:

a) Theoretische Grundkenntnisse nach Nummer 3 dieses Anhangs
b) Theoretische Spezialkenntnisse nach Nummer 4 dieses Anhangs in mindestens einem Anwendungsbereich
c) Berufspraxis nach Nummer 5 dieses Anhangs

2.2 Die Nachweise nach Nummer 2.1 Buchstaben a und b können erbracht werden durch Vorlage von

a) Zeugnissen einer nach Nummer 4.3.2 Satz 1 dieser TRGS als gleichwertig anerkannten Prüfung oder Ausbildung

b) Zeugnissen über eine nach Nummer 4.3.2 Satz 2 dieser TRGS für einen bestimmten Anwendungsbereich als gleichwertig anerkannte Prüfung oder Ausbildungsabschluss.

2.3   Der Nachweis der Sachkunde kann auch als erbracht anerkannt werden, wenn im Rahmen einer abgeschlossenen Berufsausbildung nachweislich die entsprechende Sachkunde nach Nummer 2.1 dieses Anhangs vermittelt und geprüft worden ist und entsprechende Zeugnisse vorgelegt werden.

3   Theoretische Grundkenntnisse

3.1   Theoretische Grundkenntnisse sind in folgenden Bereichen erforderlich:

— Naturwissenschaftliche Grundlagen (Fachrechnen, Physik, Chemie, Biologie, Toxikologie,)
— Arbeitsschutz einschließlich Unfallverhütung,
— Gesundheits- und Umweltschutz einschließlich Gefahrstoffrecht.
— Gerätekunde

3.2   Zeitaufwand

Im Lehrgang sind für die in Nummer 3.1 genannten Lernbereiche nachstehende Lehreinheiten à 45 Minuten als ausreichend anzusehen:

1. Fachrechnen
   24 Lehreinheiten

2. Allgemeine Grundlagen der Physik
   12 Lehreinheiten

(beispielhaft bezogen auf Arbeitsschütz und Eigenschaften der als Schädlingsbekämpfungsmittel eingesetzten Gefahrstoffe)

3. Allgemeine Grundlagen der Chemie
   12 Lehreinheiten

4. Allgemeine Grundlagen der Biologie
   32 Lehreinheiten

5. Allgemeine Grundlagen der Toxikologie
   12 Lehreinheiten

6. Arbeitsschutz – Organisation und Grundlagen
   6 Lehreinheiten

7. Grundlagen der Gerätekunde
   10 Lehreinheiten

8. Gesundheits- und Umweltschutz einschließlich Gefahrstoffrecht
   40 Lehreinheiten

4 Spezialkenntnisse

4.1 Theoretische Spezialkenntnisse sind, bezogen auf den jeweiligen Teilbereich gemäß Nummer 1.2-1.7 wie folgt erforderlich:

— Kenntnisse über Art, Beschaffenheit bzw. Konstruktion des zu schützenden Gutes
— Schädlinge des Teilbereiches einschl. Diagnose des Schädlingsbefalls, ggf. Differenzierung nach Stadien
— Spezielle Schädlingsbekämpfungsmittel dieses Anwendungsbereiches, ihre Wirkstoffe, Formulierungen, Wirkungsweise, Effekte sowie eventuelle Prüf- oder Gütezeichen der Präparate
— Eignung und Kapazität von Tötungsverfahren
— Kriterien einer ordnungsgemäßen tierschutzgerechten Tötung
— Toxizität und Verhalten des Wirkstoffs im Nicht-Zielorganismus
— Chemisches Verhalten der Schädlingsbekämpfungsmittel in der Umwelt (Abbau-, Verteilungs- und Akkumulationsverhalten)
— Transport, Lagerung, Rückstandsbestimmung, Reinigung und Entsorgung der Präparate
— Verhalten bei Vergiftungsfällen
— Prophylaktische Maßnahmen, Sicherheitsmaßnahmen zum Anwender-, Betroffenen und Umweltschutz
— Gerätetechnik einschl. Bedienung und Wartung, Herstellen gebrauchsfertiger Zubereitungen, Ausbringungsverfahren
— Arbeitsrichtlinien zu Befallsermittlung, Vorbereitung, Durchführung, Erfolgskontrolle, Nachbehandlung

Für Nummer 1.3 wird außerdem auf DIN 68800 verwiesen

4.2 Zeitaufwand

Für die Ausbildung werden folgende Zeiten als ausreichend angesehen:

– Gesundheits- und Vorratsschutz sowie besonderer Materialschutz
  90 Lehreinheiten

– Pflanzenschutz
  44 Lehreinheiten

– Holz- und Bautenschutz
  60 Lehreinheiten

5 Berufspraxis

5.1   Als ausreichende Berufspraxis wird angesehen:

a) für einen uneingeschränkten Sachkundenachweis
   – eine mit Erfolg abgelegte Abschlussprüfung in einem anerkannten Ausbildungsberuf und danach eine mindestens zweijährige berufliche Tätigkeit oder
   – eine mindestens vierjährige berufliche Tätigkeit
b) für einen Sachkundenachweis, der auf einen Teilbereich beschränkt ist: mindestens 30 % der unter Buchstabe a) genannten Zeiten.
c) bei Beschränkung des Sachkundenachweise auf bestimmte Schädlinge mit Beschränkung auf bestimmte Bekämpfungsmittel und einen Teilbereich genügt eine mindestens 3-monatige Berufspraxis.

Die Anerkennung hierfür verliert ihre Gültigkeit, wenn die Tätigkeit beendet wird.

5.2   Die Berufspraxis muss in einschlägigen Einrichtungen mit adäquaten praktischen Tätigkeiten abgeleistet sein, die den angestrebten Teilbereichen sachdienlich sind. Bei der Berufspraxis wird von einer Vollzeitbeschäftigung ausgegangen. Bei Teilzeit verlängert sich die Zeit entsprechend.

Anhang II zur TRGS 523

Mitteilung über die beabsichtigte Anwendung von Schädlingsbekämpfungsmitteln in Gemeinschaftseinrichtungen

An die zuständige
örtliche Aufsichtsbehörde

Absender
Name _____

Anschrift _____

_____
cc Kreisver.valtungsbehörde
cc. Amt für Arbeitsschutz

_____

Tel./FAX

Gem. § 25 in Verbindung mit Anhang I Nummer 3 der Gefahrstoffverordnung teilen wir Ihnen mit, dass wir beauftragt wurden, in der nachfolgend aufgeführten Gemeinschaftseinrichtung eine Schädlingsbekämpfungsmaßnahme durchzuführen.

1. Anschrift der Gemeinschaftseinrichtung:

2. Auftraggeber (wenn von Pkt. 1. abweichend):
   bitte Rückseite beachten

3. betroffene Gebäude.-teile, Räume bzw. Flächen:

4. vorgesehener Zeitpunkt bzw. Zeitraum:

5. Zielorganismen:

6. vorgesehenes Mittel:

Handelsname	Wirkstoff (e)	Anwendungs-konzentration	Einstufung nach der GefStoffV
1.			
2.			
3.			

7. Ausbringungsverfahren:

8. besondere Schutzmaßnahmen (z.B. Entfernen von Lebensmitteln, ggf. Anbringen von Hinweisschildern usw.):

9. vorgesehenes Reinigungsverfahren (einschl. Mittel):

Die personellen und sicherheitstechnischen Voraussetzungen nach TRGS 523 sind gegeben.

Betriebsleiter

3 Befall sicher erkennen

3.1 Befallsspuren

Jeder Schädling hinterlässt auf seinem Weg durch die Betriebsbereiche mehr oder weniger deutliche, charakteristische Spuren.

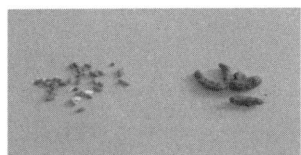

Abb. 3.1-1 Ratten- und Mäusekot
(Quelle: Gemex Hygiene und Vorratsschutz GmbH)

Warum sollten Mitarbeiter in der Gemeinschaftsverpflegung in der Lage sein, diese Spuren zu identifizieren?

Regelmäßig extern durchgeführte Schädlingskontrollen ersetzen nicht die tägliche visuelle Kontrolle der Mitarbeiter im Betrieb. Geschultes Personal ist in der Lage, auftretende Schädlinge rechtzeitig zu erkennen und somit die Wahrscheinlichkeit der Weiterverbreitung in andere Betriebsbereiche zu verringern.

Bereits bei der Wareneingangskontrolle können heimliche „Gäste", die mit Waren oder Verpackungen in den Betrieb gelangen, erkannt werden. Daraus folgende, notwendige Maßnahmen sollten den Mitarbeitern in Schulungen und Arbeitsanweisungen vermittelt werden. Zu diesen nötigen Schritten zählt unter anderem, die befallene Ware sofort zu separieren, um eine Ausweitung des Befalls zu vermeiden und den betreffenden Lieferanten zu benachrichtigen.

Schädlingsbefall, der in Lager- oder Produktionsbereichen bemerkt wird, sollte dem beauftragten Schädlingsbekämpfer mitgeteilt werden, der über die nötigen weiteren Schritte informiert. Dazu gehören beispielsweise Grundreinigungen in Maschinenbereichen, Änderung im Lagerwesen oder anderes situationsabhängiges Vorgehen aber ggf. auch Bekämpfungsmaßnahmen der vorhandenen Schädlingspopulation.

3.1.1 Schaben

Typische Befallsspuren für das Vorhandensein von Schaben sind:

- Lebende oder tote Exemplare
- Nester

- Häutungsreste
- Eipakete
- Kotspuren

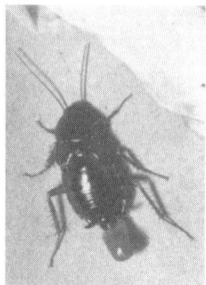

Abb. 3.1-2   Orientalische Schabe mit Eipaket (Quelle: Frowein GmbH & Co.)

3.1.2   Nagetiere

Typische Befallsspuren für das Vorhandensein von Nagetieren sind:

- Lebende oder tote Tiere
- Nester
- Fraßspuren oder Nagespuren an Lebensmitteln und Gegenständen
- Trittspuren auf staubigen Oberflächen
- Spezifischer Geruch
- Schleifspuren
- Technische Defekte
- Haare
- Kotspuren

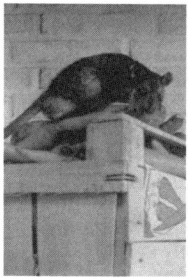

Abb. 3.1-3   Ratte auf Gemüsekiste (Quelle: Frowein GmbH & Co.)

3.1.3   Motten

Typische Befallsspuren für das Vorhandensein von Motten sind:

* Lebende oder tote Exemplare
* Larven
* Puppen
* Gespinste
* Geruch
* Fraßschäden

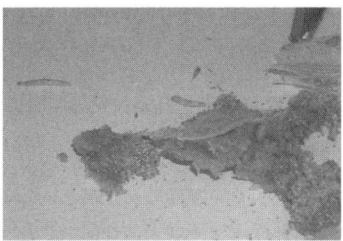

Abb. 3.1-4   Mottenlarven flüchten aus Lebensmittelsubstrat

3.2   Analyse der Raumstruktur

Die Beschaffenheit der Raumstruktur kann das Ergebnis von Schädlingsbekämp-fungsmaßnahmen und Schädlingsfreihaltungskonzepten beeinflussen.

Bieten Fußböden, Decken und Wände keine Unterschlupfmöglichkeit und wird der Zutritt durch intakte und geschlossene Fenster sowie Türen unterbunden, so kann einer Einwanderung, Verbreitung und Vermehrung von Schädlingen positiv entgegen gesteuert werden.

Die Analyse der Raumstruktur dient der Aufnahme und der Beurteilung von kriti-schen Punkten baulicher und organisatorischer Art.

Im Vorfeld kann somit der Entstehung von hygienischen Mängeln, wie z. B. die An-sammlung von Schmutz, Wasser oder Lebensmittelresten entgegen gewirkt werden.

Eintritts- und Verbreitungsmöglichkeiten können reduziert werden, Brut- bzw. Auf-enthaltsorte entlarvt und beseitigt werden.

3.2.1 Fußboden

Tab. 3.2-1 Analyse der Raumstruktur – Fußboden

Prüfpunkt	Merkmal	Erfüllt	
		Ja	Nein
Fußbodenbeschaffenheit	Nicht anfällig für Risse und Lochbildung		
	Fachgerechter Fliesenwechsel		
	Fachgerechte Verfugungen		
Fußbodengefälle	Gleichmäßiges Gefälle zu den Abflüssen		
Stoßkanten	Korrekter Übergang vom Bodenbelag zur Wand		
Treppen	Treppen versiegelt		
	Bereiche unter der Treppe nicht durch herablaufendes Reinigungswasser oder Schmutz gefährdet		
Reparaturen/Schäden	Unterbrechungen des Fußbodenaufbaus fachgerecht abgedichtet		
	Fußboden in intaktem Zustand		

3.2.2 Wände

Tab. 3.2-2 Analyse der Raumstruktur – Wände

Prüfpunkt	Merkmal	Erfüllt	
		Ja	Nein
Wandbeschaffenheit	Frei von Rissen und Löchern		
	Fachgerechter Fliesenwechsel		
	Fachgerechte Verfugungen		
Wanddurchführungen	Rohrleitungen. z. B. Heizungs-, Wasser-, Abwasserleitungen dichtschließend		
Wanddurchbrüche	Freiräume zwischen Rohrleitungen und Wanddurchbruch füllend isoliert		
	Nach außen führende Versorgungs- und Lüftungsschächte nagetiersicher abgedichtet		
Stoßkanten	Korrekter Übergang vom Bodenbelag zur Wand, d. h. abgerundet und versiegelt		
Wandeinbauten	Vollständig abgedichtete Wandeinbauten		
Reparaturen/Schäden	Beschädigungen oder Undichtigkeiten ordnungsgemäß saniert		
	An stark beanspruchten Ecken und Kanten, Kantenschutz fachmännisch angebracht		

Behr's Verlag Hamburg

3.2.3 Decken

Tab. 3.2-3 **Analyse der Raumstruktur – Decken**

Prüfpunkt	Merkmal	Erfüllt	
		Ja	Nein
Deckenbeschaffenheit	Frei von Rissen und Löchern Intakter Deckenanstrich Frei von Fett, Staub, Schmutz oder Lebensmittelresten		
Abgehängte Decken	Dichte, intakte dauerelastische Fugen Öffnungen für Revisionen, Reinigung, Schädlingskontrollen und Reparaturen		
Isolierung + Lüftung	Ordnungsgemäße Isolierung zur Vermeidung von Kondensatbildung Funktionsfähige, regelmäßig gereinigte und gewartete Raumlufttechnische Anlagen		
Stoßkanten	Korrekter Übergang von der Decke zur Wand, d. h. abgerundet und versiegelt		
Reparaturen/Schäden	Beschädigungen oder Undichtigkeiten ordnungsgemäß saniert		

3.2.4 Türen und Fenster

Tab. 3.2-4 **Analyse der Raumstruktur – Türen und Fenster**

Prüfpunkt	Merkmal	Erfüllt	
		Ja	Nein
Beschaffenheit	Fenster und Rahmen dichtschließend, Türverkleidung intakt, keine Risse und Spalten, Tür dicht schließend		
Außentüren/Tore	Türen und Tore so weit wie möglich geschlossen halten		
Tür-/Torspalten	Dichtschließend Intakte Gummilippen bzw. Bürstendichtungen		
Innentüren Schwingtüren Plastik-Streifenvorhänge	Selbstschließend Intakt und sauber		
Fensterbänke	Fensterbänke frei von Schmutzansammlungen		
Reparaturen/Schäden	Beschädigungen, Verschmutzungen oder Undichtigkeiten ordnungsgemäß beseitigt		

3.3 Analyse gefährdeter Betriebsbereiche

Egal ob Food- oder Non-Food Betriebe, Unternehmen der pharmazeutischen Industrie, der Medizintechnik oder Einrichtungen des Gesundheitswesens, das Innere eines

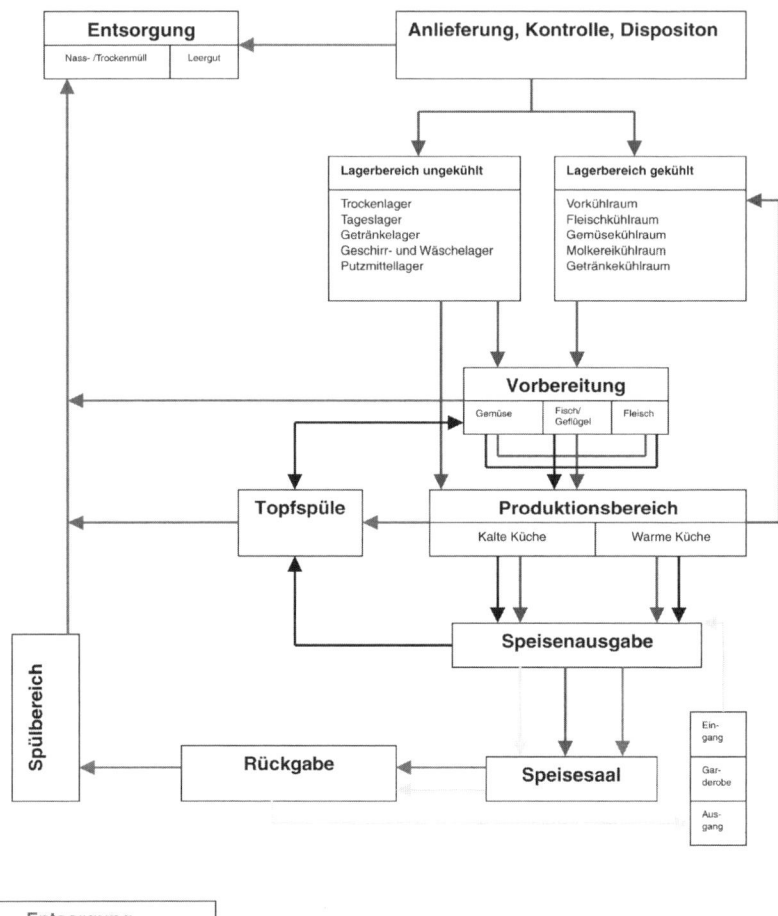

Abb. 3.3-1   Gefährdete Betriebsbereiche am Beispiel der Großküche

Behr's Verlag Hamburg

Gebäudes kann Schädlingen einen idealen Lebensraum bieten. Konstante und relativ hohe Temperaturen, erhöhte Luftfeuchtigkeit und praktisch immer zur Verfügung stehende Nahrung fördern die ganzjährige Fortpflanzung. Viele Versteckmöglichkeiten, Dunkelheit und das Fehlen natürlicher Feinde treiben Massenentwicklungen voran. Ver- und Entsorgungsschächte ermöglichen den Schädlingen günstige Ausbreitungsmöglichkeiten.

Zum Beispiel im Bereich von Gemeinschaftseinrichtungen zählen der Wareneingang, die Speisenproduktion, die Speisenverteilung, die Lagerräume, die Sozialräume, die Spülanlagen, die betriebstechnischen Räume und der Bereich der Entsorgung zu den kritischen und häufig befallenen Bereichen.

Beispielhaft betrifft dies in der Speisenproduktion den Innenbereich sämtlicher Koch- und Gargeräte, Rohrleitungen, Verkleidungen, Aggregate, Gullys, Raumlufttechnische Anlagen und Fettabscheider.

Abb. 3.3-2   Innenraum eines Kochkessels
(Quelle: Gemex Hygiene und Vorratsschutz GmbH)

Geschirrtransportbänder, Getränketheken und Speisenausgaben sowie Tablettverteilwagen stellen im Bereich der Speisenverteilung die kritischen Bereiche dar.

Lagerräume wie Trockenlager, Geschirrlager, Papier- oder Reinigungsmittellager offerieren den Schädlingen Nahrung, Unterschlupf und Material zum Nestbau.

Sozialräume wie Umkleideräume, Aufenthaltsräume für Personal, Sanitärräume sind auch unter dem Aspekt als kritisch zu beurteilen, da nicht ausgeschlossen werden kann, dass durch das Personal selbst Ungeziefer eingeschleppt wird.

Im Spülbereich sind die einzelnen Maschinen wie Topfspüle, Geschirrspülmaschinen sowie die dazugehörigen Transportbänder als kritisch zu beurteilen.

Der Bereich der Entsorgung d. h. Leergutlager, Nass- und Trockenmüllraum bieten Schädlingen optimale Nahrungs- und Entwicklungsmöglichkeiten und ist deshalb als kritisch zu bewerten.

Abb. 3.3-3 **Tageslager** (Quelle: Gemex Hygiene und Vorratsschutz GmbH)

Die betriebstechnischen Räume (Heizungsräume, Wasseraufbereitung, Dosieranlagen) sind meist eng, dunkel und wenig von Personal frequentiert und gelten deshalb ebenfalls als kritisch.

Sind die Schädlinge erst einmal im Gebäude, werden diese kritischen Bereiche zum neuen Lebensraum. Ob sie aktiv einwandern oder passiv verschleppt werden und sich dann aktiv im Gebäude ausbreiten, die Schädlinge können sich an die vorherrschenden örtlichen Gegebenheiten sehr schnell anpassen sowie unter den günstigen Umgebungsbedingungen explosionsartig vermehren und großen Schaden anrichten.

Aktiver Zulauf bedeutet eine eigenständige Einwanderung des Schädlings über Öffnungen im Gebäude.

Gelangen Schädlinge mittels Warensendung, Verpackung und Transportmittel in das Gebäude, so spricht man von einer passiven Verschleppung.

Eine regelmäßige Kontrolle dieser genannten Bereiche auf Befallsspuren ist deshalb angezeigt.

3.3.1 Anforderungen an Verpflegungsautomaten

Für die Zwischenverpflegung von Mitarbeitern stehen vielerorts Getränke- und Verpflegungsautomaten zur Verfügung. Diese bieten nicht nur Heiß- oder Kaltgetränke, Snacks und Backwaren an, sondern sind auch ideale Lebens- und Entwicklungsorte für Schädlinge. Das Ungeziefer schätzt besonders die hohen Temperaturen der Wärme abgebenden Aggregate und die Feuchtigkeit durch Kondenswasserbildung im Aggregatbereich. Darüber hinaus gibt es genügend Verstecke und ein ausreichendes Nahrungsangebot durch Getränke- und Lebensmittelreste, Staub und sonstige Verunreinigungen unter und hinter den Automaten. Schaben, Ameisen, Silberfischchen, Mäuse, Heimchen – aber auch verwilderte Haustauben, Fruchtfliegen und Wespen fühlen sich in oder an den Automatenstationen heimisch. Nicht zu unterschätzen ist die Gefahr einer Verschleppung von Schädlingen. Häufig werden Automaten umgestellt oder ausgetauscht. Auf diese Weise werden Schädlinge ungehindert und unentdeckt in Bereiche eingeschleppt, die vorher schädlingsfrei waren. Für die Getränke- und Verpflegungsautomaten hat die Lebensmittelhygieneverordnung (LMHV) Gültigkeit. Eine konsequente und systematische Schädlingsabwehr im Bereich der Automatenstationen stellt demnach nicht nur einen wichtigen Beitrag zur Sicherung von Erzeugnissen, Anlagen, Wohlbefinden und Image dar, sondern ist auch Bestandteil der gesetzlichen Anforderungen.

Die bereits zur Schädlingsprophylaxe beschriebenen Maßnahmen lassen sich auch auf die Automatenstationen und deren Umgebung übertragen.

Des Weiteren gelten für die Verpflegungsautomaten die Allgemeinen Hygieneanforderungen.

Bauliche Voraussetzungen

Bei der Aufstellung der Verpflegungsautomaten ist darauf zu achten, dass die Anlagen einen ausreichenden Abstand zur Wand haben, um eine angemessene Luftzirkulation zu gewährleisten und eine Begehung von hinten zu ermöglichen. Automaten, die sich verrücken oder bei Seite schieben lassen, haben den weiteren Vorteil, dass der Schmutz im Bodenbereich unter den Geräten entfernt werden kann.

Wände freihalten

Eine angemessene Warm- oder Kaltwasserversorgung in unmittelbarer Nähe der aufgestellten Stationen ist nicht nur für erforderliche Reinigungsarbeiten von Nutzen, sondern auch eine Anforderung der Lebenshygiene.

Organisatorische Maßnahmen

Der Abfallentsorgung und der Reinigung ist größte Aufmerksamkeit zu widmen.

Regelmäßige Abfallentsorgung und gründliche Reinigung

Schädlinge werden von Getränkeresten im Leergut, von Krümeln, sowie von Verpackungen mit Resten von Schokolade, Käse oder Wurst usw. angelockt.

Leergut, das meist neben den Automatenstationen abgestellt werden kann, möglichst täglich abholen.

Mülleimer im direkten Umfeld der Automatenstationen täglich entleeren, und zwar möglichst abends, da die meisten Schädlinge nachtaktiv sind.

Anlockpotenzial reduzieren

Aus diesem Grund ist eine tägliche Leerung der Abfallbehälter sicher zu stellen. Die im Kapitel „Anforderungen an die Abfallentsorgung" beschriebenen Maßnahmen gelten auch für die bereit gestellten Müllbehältnisse an den Automatenstationen.

Positionierung prüfen

Automaten auf einen Podest stellen oder wandhängend montieren, so dass die Bodenbereiche leichter zugänglich und schneller zu reinigen sind.

Vorsicht, Blinde Passagiere!

Die passive Verschleppung von mit Schädlingen befallenen Automaten birgt ein enormes Risiko und wird oft unterschätzt.

Nicht selten wechseln Automaten ihren Standort. So ist es nicht auszuschließen, dass ein mit Schädlingen befallener Automat abgebaut, und zu einem anderen zunächst schädlingsfreien Standort gebracht wird, wo das eingeschleppte Ungeziefer seine unhygienischen Tätigkeiten entfalten kann.

Spurensuche

Ein regelmäßiges Schädlingsmonitoring an Verpflegungsautomaten ist wichtig. Schädlingsspuren werden frühzeitig erkannt und vorhandener Befall rechtzeitig getilgt.

Regelmäßige Schädlingskontrollen

Regelmäßige, prophylaktische Kontrollen durch einen professionellen Schädlingsbekämpfer sowie der geschulte Blick der Mitarbeiter, die täglich die Automatenstationen befüllen, sind elementar. Diese Mitarbeiter sind anzuhalten, einen Befall oder einen Verdacht sofort zu melden.

Eine konsequente und systematische Schädlingskontrolle stellt einen wichtigen Beitrag zur Sicherung von Erzeugnissen, Anlagen, Wohlbefinden und Image dar und der Betreiber erbringt damit den Nachweis seiner Sorgfaltspflicht.

Schädlingsbekämpfung

Beauftragung eines Fachunternehmens, welches ein sinnvolles, den Gegebenheiten angepasstes Monitoring- und Bekämpfungssystem zur Früherkennung und Bekämpfung von Schädlingen installiert.

3.3.2 Möglichkeiten der Verbreitung von Nagetieren

Abb. 3.3-4 **Mauerdurchbruch, der den Zugang der Nager von außen in das Gebäude ermöglicht** (Quelle: Gemex Hygiene und Vorratsschutz GmbH)

Aktiver Zulauf

⚐ Offen stehende Tore und Türen (Warenannahme, Speisesaal, Terrassennutzung)

⚐ Offen stehende Kellerfenster ohne Nagersicherung (Gitter)

⚐ Lichtschächte ohne Nagersicherung (Gitter)

⚐ Mauerdurchbrüche

⚐ Abwasser, Kanalisation

⚐ Türspalten, beispielsweise durch fehlende oder defekte Borstenstreifen

Kontrolle

✓ Tore und Türen so kurz wie nötig offen stehen lassen

✓ Kellerfenster mit Gitter ausstatten oder geschlossen halten

✓ Lichtschächte mit nagetiersicherem Gitter ausstatten

✓ Mauerdurchbrüche verschließen

✓ Regelmäßige Prüfung der Rohrleitungen (z. B. Kamerabefahrung)

✓ Türabschlüsse prüfen und gegebenenfalls defekte Borsten austauschen bzw. anbringen

Passive Verschleppung

⚜ Warensendungen

⚜ Transportmittel (Paletten)

Kontrolle

✓ Gründliche Inspektion der ankommenden Waren

✓ Stichprobenartige Kontrolle des Lieferantenfahrzeuges

✓ Monitoringsysteme als Früherkennungs- und Warnsystem installieren

Abb. 3.3-5   **Eingeschlepptes Nagetier**
(Quelle: Gemex Hygiene und Vorratsschutz GmbH)

3.3.3   Möglichkeiten der Verbreitung von Schaben

Aktiver Zulauf

- Kanalisation (vorwiegend Orientalische Schabe)

Kontrolle

✓ Monitoringsysteme als Früherkennungs- und Warnsystem installieren

Passive Verschleppung

- Frische, offene Lebensmittel (Backwaren, Salate)
- Kartonagen, Packmittel
- Wäschereilieferungen

Kontrolle

✓ Gründliche Inspektion der ankommenden Waren

✓ Stichprobenartige Kontrolle des Lieferantenfahrzeuges

✓ Monitoringsysteme als Früherkennungs- und Warnsystem installieren

3.3.4   Möglichkeiten der Verbreitung von Motten und Käfern

Aktiver Zulauf

- Zuflug über offen stehende Türen
- Zuflug über offen stehende Fenster

Kontrolle

✓ Fliegenschutzgitter an zu öffnenden Fenstern

✓ Türen so kurz wie nötig offen stehen lassen

✓ Zurückschneiden von Pfl anzenbewuchs

Passive Verschleppung

- Warensendungen
- Packmittel

⚗ Kartonagen

Kontrolle

✓ Gründliche Inspektion der ankommenden Waren
✓ Stichprobenartige Kontrolle des Lieferantenfahrzeuges
✓ Monitoringsysteme als Früherkennungs- und Warnsystem installieren

Behr's Verlag Hamburg

4   Schädlinge vermeiden

Befallsspuren von Schädlingen zu erkennen ist bereits ein wesentlicher Faktor bei der Vermeidung von Befall und der Ausbreitung in den Betrieben. Doch das Erkennen allein ist nicht ausreichend.

Weitere Maßnahmen zur Schädlingsvermeidung müssen hier greifen. Diese Maßnahmen lassen sich grob in drei Bereiche gliedern: hygienische, bauliche und organisatorische Maßnahmen.

Die nachfolgenden Abbildungen stehen stellvertretend für die drei Maßnahmenbereiche.

4.1   Hygienische Maßnahmen

Abb. 4.1-1   Wandfliesen und Heizkörper unterhalb eines Spülmaschinenabräumbandes (Quelle: Gemex Hygiene und Vorratsschutz GmbH)

Speisereste in warmfeuchtem Raummilieu bieten Schädlingen ideale Lebensbedingungen.

Besonders kritisch sind Bereiche zu betrachten, bei denen zum Nahrungsangebot ungünstige bauliche Gegebenheiten hinzukommen. In der Abbildung 4.1-1 sind es Speisereste, die beim Abräumvorgang auf der Eingabeseite des unreinen Geschirrs in die Spülmaschine herunterfallen und durch Spritzwasser verteilt werden.

Die erforderliche hygienische Maßnahme, das regelmäßige, gründliche Reinigen der Wandfliesen unter dem Abräumband sowie das Entfernen der Verunreinigungen auf dem Heizkörper, wird durch die Bauweise erschwert. Heizkörper in Rippenform lassen sich nur mit weitaus größerem Aufwand reinigen als solche mit glatter Front.

Auch wenn die bauliche Ursache (Art und Standort des Heizkörpers) nicht ohne größeren Aufwand beseitigt werden kann, so lassen sich doch andere Maßnahmen ergreifen. Zum Beispiel ließe sich ein Abdeckblech oberhalb der Heizungsrippen installieren, das einen Großteil der Verunreinigungen aufnimmt und leichter zu pflegen wäre.

Das Beispiel zeigt, dass die hygienische Maßnahme „Reinigen der Wandfliesen und des Heizkörpers" ebenso verbunden ist mit einer baulichen Maßnahme, die Verunreinigungen verringert, wie auch mit der organisatorischen Maßnahme, diesen Bereich in Reinigungsplänen zu berücksichtigen.

Zu den **hygienischen Maßnahmen** sind weiterhin zu zählen:

*   Gute Betriebshygiene, wie Wand- und Bodenflächen sauber halten, auch hinter Verbauungen

*   Gute Produktionshygiene, regelmäßige Reinigung in der Tiefe der Anlagen, Maschinen und Geräte sowie in produktionsnahen Bereichen, z. B. technischen Anlagen, Schaltschränken, abgehängte Decken

*   Gute Lagerhaltung, first in first out, trennen von Roh- und Fertigware, regelmäßige Reinigung unter Regalen und Förderanlagen

*   Anlieferungszonen und Entsorgungsbereiche sauber halten

*   Gutes Abfallmanagement, geschlossenen Abfallbehälter, regemäßige Entleerung und Reinigung

*   Verpflegungsautomaten innen, oben, unten und dahinter sowie das Umfeld regelmäßig reinigen

*   Siebe, Filter, Auffangbeutel in Anlagen und Staubsaugern regelmäßig kontrollieren und reinigen, sie bieten sonst Nistplätze für Vorratsschädlinge

*   Ausgediente Anlagen und Gerätschaften gereinigt und schädlingsfrei lagern, bei Inbetriebnahme kontrollieren

4.2 Bauliche Maßnahmen

Defekte, ausgebrochene Fliesen im Wand- und Bodenbereich bieten Schädlingen Unterschlupf. Des Weiteren können Wasser und Schmutz in die Hohlräume gelangen.

Durch mechanische Beanspruchung, zum Beispiel durch Transportfahrzeuge, oder nach baulichen Tätigkeiten, kann es zu Fliesenschäden kommen.

Aber auch ausgewaschene und durch Chemikalien angegriffene Verfugungen lösen sich und setzen Spalten und Hohlräume frei. Dies gilt sowohl für Wandverfugungen als auch für Dichtungsmaterial um Bodenabläufe.

Auch aus Sicht der Werterhaltung eines Betriebes ist es ratsam, bauliche Schäden regelmäßig zu beseitigen, instand zu halten.

Bei besonders stark beanspruchten Flächen können Rammschutzeinrichtungen für den nötigen Abstand sorgen und Beschädigungen eindämmen. Als Beispiel können hier der Kantenschutz an Wandecken oder Säulen oder der Abstandhalter an der Stellwand für Speisewagen genannt werden.

Hygienisches Design hilft unerwünschte Ablagerungen und Schädlingen wie Vorratsschädlingen nachhaltig vorzubeugen.

Räume, Anlagen und Bedarfsgegenstände, vor allem in Bereichen mit Mehl, Gewürze, Sämereien und Teig, sind regelmäßig in der Tiefe zu reinigen und dem Befall durch Vorratsschädlingen ist durch hygienegerechtes Design vorzubeugen:

Auf waagrechten Fenstersimsen lagern sich Lebensmittelreste ab, die sich in offenen Fugen und Ritzen ansammeln, die Reinigung in der Tiefe ist nicht möglich, Vorratsschädlinge vermehren sich und nisten sich ein.

Durch Reinigung in der Tiefe und hygienegerechtes Design sind Ablagerungen und Vorratsschädlingen vorzubeugen.

**Abb. 4.2-1   waagerechter Fenstersims mit Lebensmittelresten und vorrats-
schädlichen Käfern wie Reismehlkäfer**
(Quelle: Gemex Hygiene und Vorratsschutz GmbH)

Abb. 4.2-2   hygienisches Design schräger, dichter und sauberer Fenstersims
(Quelle: Gemex Hygiene und Vorratsschutz GmbH)

Weitere **bauliche Maßnahmen** sind:

* Poröse Verfugungen erneuern

* Offene Leitungsschächte und Rohrdurchbrüche abdichten

* Nicht vermeidbare Hohlräume zugänglich machen

Abb. 4.2-3   Fliesenschäden oberhalb eines Sockels
(Quelle: Gemex Hygiene und Vorratsschutz GmbH)

* Unzugängliche Ecken, Winkel und für Reinigungsarbeiten zu schmale Zwischenräume vermeiden

* Abfallbereich kühl halten, Wände und Fußboden aus reinigungsfähigem Material

* Abfallbereich im Freien übersichtlich und sauber halten, Anlockpotenzial vermeiden

* Schutzgitter an zu öffnende Fenster installieren

* Spalten zwischen Tür und Türrahmen abdichten

* Tür- und Torkanten mit Borstenstreifen oder Gummilippen abdichten

* Schäden im Bodenbereich (ungleiches Niveau) beheben

* Beschädigungen an Dichtungen, Isolierungen, Dämmmaterial sowie der Dachabdeckung beseitigen

* Durchschlupföffnungen im Mauerwerk oder der Außenfassade beseitigen

* Bodenabläufe mit einem verschraubbaren Rost aus nagelfestem Material (Metall) verschließen

* Toilettenbeckenablauf mit einer nagelfesten Toiletten-Sicherungsklappe direkt am WC-Körper ausstatten. Zu beachten sind die DIN EN 12056 sowie DIN 1986-100 (Abwassertechnik), wonach in fäkalienhaltige Abwasserleitungen keine technisches Hindernis eingesetzt werden dürfen

- Den Ausguss der Spültischabläufe mit einem fest installierten Metallsieb oder alternativ einen Flaschen-Siphon aus Metall sichern

- Defekte Kellerfenster austauschen

- Schutzgitter mit geringer Maschengröße installieren, Fliegengitter (Maschenweite 0,6 × 0,6 mm) verhindern auch den Zuflug von Essigfliegen

- Bepflanzung in unmittelbarer Nähe der Gebäude entfernen, auf Sandböden verzichten

- Hohlräume für Kontrolle zugänglich machen z. B. doppelte Wände, abgehängte Decken

4.3 Organisatorische Maßnahmen

Die Abbildung 4.3-1 zeigt einen stark verunreinigten Bodenabfluss, der in erster Linie ein hygienisches Problem darstellt. Doch eine Ursache für die nicht durchgeführte Reinigung kann zum Beispiel in der Vergabe der Reinigungsarbeit liegen. Ist das regelmäßige Entleeren der Abflüsse im Leistungsumfang enthalten oder bezieht sich die Arbeitsanweisung allgemein auf die Bodenreinigung? Eindeutige Anweisungen und Kontrollen können diese Lücken schließen.

Abb. 4.3-1   **Verunreinigter Bodenabfluss**
(Quelle: Gemex Hygiene und Vorratsschutz GmbH)

Neben hygienischen und baulichen Maßnahmen ist dem Faktor der Betriebsorganisation eine nicht zu vernachlässigende Bedeutung beizumessen. Nur regelmäßig geschulte und informierte Mitarbeiter können Schädlingsbefall und seine Folgen richtig einschätzen, erste Anzeichen bemerken und frühzeitig Maßnahmen einleiten.

Im Zusammenspiel von Lieferantenauswahl, Wareneingangskontrolle, Warenfluss und Lagerhaltung, Betriebs- und Produktionshygiene, den baulichen Gegebenheiten sowie der durchdachten Planung aller Betriebsabläufe, trägt der Betrieb selber sehr viel dazu bei, Schädlingsbefall vorzubeugen, zu reduzieren bzw. massenweises Vermehren und Verbreiten zu unterbinden.

Weitere **organisatorische Maßnahmen** sind:

- Klimatische Bedingungen kontrollieren

- Regelmäßige Wareneingangskontrollen durchführen

- Mitarbeiter schulen, über die Risiken vor Ort informieren und zur Mitarbeit anregen

- tägliche Selbstkontrolle durch die Mitarbeiter

- Auf geringe Lagerverweilzeiten achten, Produkte auf Schädlingsbefall kontrollieren

- Waren bodenfrei auf Paletten mit Abstand von ca. 0,5 m von der Wand lagern

- Bodenfreiheit unter Regalböden gewährleisten

- Offen stehende Türen, Tore und Fenster vermeiden

- In Kartons und Folien verpackte Waren vor der Einlagerung auspacken

- Produkte, Verpackungsmaterialien und Reinigungsmittel übersichtlich aufbewahren

- regelmäßige Auswertung der Trendanalysen und Bewertung (Gefahrenanalyse und Risikobewertung) des Betriebs durch einen erfahrenen Schädlingsbekämpfer und festlegen von Maßnahmen

- risikoreiche Waren wie z. B. Nüsse etc. gekühlt aufbewahren

4.3.1   Tipps für die Begrünung

Steht ihr Betriebsgebäude im „grünen" und sei es auch noch so klein, sollte das keine Einladung an Schädlinge sein. Schaffen Sie günstige Bedingungen für ein schädlingsfreies Außengelände. Verzichten Sie ganz auf Dachbepflanzungen oder Kletterpflanzen, sind sie doch für Schädlinge Klettergerüst, Lebensraum, Nistplatz und Versteck in einem.

Seien Sie kritisch und wählen Sie Pflanzen, die wenig Dornen, Laub, Blüten, Früchte und Samen erzeugen. Sorgen Sie für genügend Abstand zwischen den Pflanzen und zum Boden. Den Boden unter den Pflanzen mit Rindenmulch oder Kies auffüllen. Den Rasen kurz halten.

3m Abstand zwischen Ästen und Hauswand verwehrt Kletterkünstlern wie Mäuse, Ratten, Marder und Eichhörnchen den Zutritt. Nicht nur Vögel bauen ihre Nester in Bäumen. Aus leeren Nestern wandern unter Umständen Massen von Lästlingen wie Flöhe, Zecken und Vorratsschädlinge ein.

Alles was als Nahrung oder Versteck dienen kann vermeiden. Ameisen lieben sandigen Boden und Ratten hausen gern in Steinhaufen oder besiedeln alte Kaninchenbaue.

5 Schädlinge überwachen

5.1 Visuelle Kontrollen

Häufig können Schädlinge bereits optisch bei Untersuchungen von Betriebsräumen, Produktionsanlagen, Geräten, Maschinen sowie Waren einschließlich der Verpackung festgestellt werden. Lebende und tote Tiere, verschiedene Entwicklungsstadien, Häutungsreste bei Schaben, Gespinste bei Motten, Fraßschäden und Kotspuren weisen eindeutig auf die jeweilige Schädlingsart hin.

Wichtigstes Hilfsmittel für visuelle Kontrollen ist eine starke Taschenlampe, um die oft versteckten Anzeichen auf Schädlingsbefall sichtbar machen zu können. Die genaue Kenntnis der Verhaltensweisen der einzelnen Arten ist jedoch Grundvoraussetzung, um einen Befall zu erkennen.

Bei starkem Befall von Betriebsräumen werden immer einige lebende Tiere zu sehen sein. Das trifft besonders auf Falter der verschiedenen Mottenarten zu, kann aber auch für die Schaben und Nagetiere gelten. Zum eindeutigen Nachweis von Schaben ist die Begehung der Räume bei Nacht, während der ersten Aktivitätsphase der Tiere, empfehlenswert. Mit der Taschenlampe sind vorzugsweise warme und feuchte Stellen wie Abdeckungen von Ablaufrinnen im Boden (Rigolen) und Spülbereiche zu überprüfen. Besondere Beachtung sollte man vor allem Rissen und Spalten im Mauerwerk, Wandverkleidungen, Fußleisten sowie Rohrdurchführungen und Leitungsschächten zukommen lassen. Diese Orte kommen dem Verbergeverhalten des Ungeziefers entgegen. Tote Winkel, wie sie durch Einrichtungsgegenstände entstehen können, sind ebenfalls zu berücksichtigen. Überkopfbereiche, wie bei Mauervorsprüngen, in Aufzugsschächten, Lager- und Kellerräumen sind bei Inspektionen keinesfalls zu übergehen.

In Maschinen und Geräten der Lebensmittelherstellung und -verarbeitung sammeln sich in unzugänglichen Stellen oft Nahrungsreste an, die bei hohen Produktionstemperaturen die Ansiedlung und Vermehrung von Schädlingen zur Folge haben können. Das Öffnen und Inspizieren des Inneren von Produktionsanlagen ist deshalb zur Befallserhebung unerlässlich. Auch Isolier- und Dichtungsmaterialien müssen nach Anzeichen auf Schädlingsbefall, zum Beispiel beim Vorfinden von Kotspuren, untersucht werden.

Warenlieferungen bergen ebenfalls ein hohes Befallsrisiko. Durch Waren oder deren Verpackungsmaterialien wird häufig Ungeziefer in einen unbefallenen Betrieb eingeschleppt. Insbesondere Holzpaletten, Säcke einschließlich der Nähte und Kartonagen müssen gründlich untersucht werden, da sie oft Nahrung und Versteck zugleich bieten. Fraßspuren von Nagetieren an Lebensmitteln und Verpackungsmaterialien sind augenscheinliche Beweise für die Anwesenheit der Tiere.

Bei den Voraussetzungen für einen Schädlingsbefall durch bauliche Gegebenheiten und klimatischen Bedingungen treten in der Regel auch hygienische Missstände auf. Eine mangelhafte Hygiene ist dann gegeben, wenn unzureichende Sauberkeit und Ordnung eine Nahrungsgrundlage und entsprechende klimatische Bedingungen einen Verbleib für Schädlinge bedeuten können. Einmal in das Betriebsinnere gelangt, verbleiben Schädlinge nur bei entsprechendem Nahrungsangebot. Dieses können sie zum Beispiel als Lebensmittelreste und -abfälle vorfinden. Das ist allerdings nicht die Regel, da insbesondere die Räumlichkeiten eines Lebensmittel verarbeitenden Betriebes einer regelmäßigen Reinigung und Abfallentsorgung unterliegen sollten. Eher der nicht augenscheinliche fettige Staub an den Wänden und Einrichtungsgegenständen, Abrieb von Lebensmitteln und Verpackung in Verarbeitungsmaschinen, klebriger Rückstand an Getränkeautomaten, pulvrige Lebensmittelpartikel (z. B. Mehl, Staubzucker, Kakao u. a.) sind oftmals Grund eines länger andauernden Befalls.

Viele Bereiche in Produktionsräumen lassen sich bei Reinigungsmaßnahmen nur schlecht erreichen. Hierzu können Toträume, bedingt durch Einrichtungsgegenstände, Hohlräume in abgehängten Decken, Doppelwänden und -böden, Schaltschränke und ähnliches zählen. Unübersichtliche Aufbewahrung von Roh-, Halbfertig- und Fertigprodukten, Verpackungsmaterialien, Reinigungsmitteln und -geräten fördert die Bildung von Toträumen. Verkleidungen an Maschinen, Geräten und Fördereinrichtungen werden im Allgemeinen bei Reinigungsarbeiten nicht abgenommen. In deren Innenräumen können sich aber Lebensmittelreste und Ablagerungen in größeren Mengen ansammeln, die den Schädlingen sowohl Nahrung als auch einen geeigneten Lebensraum über einen längeren Zeitraum geben können. Über Klima und Lüftungsanlagen und deren Schächte wird organisches Restmaterial verwirbelt und gleichmäßig in der Umgebung verteilt. Dieses kann sich dann wiederum in Ritzen und Spalten ansammeln.

Die Erkenntnisse der Befallsanalyse dienen dem Schädlingsbekämpfer als Grundlage für die Erstellung des Bekämpfungskonzeptes und dem Kunden zum Schaffen ungezieferfeindlicher Situationen.

5.2 Arten von Überwachungsinstrumenten

5.2.1 Klebefallen

Klebefallen können mit den unterschiedlichsten Lockstoffen (z. B. Sexuallockstoff) ausgestattet werden. Sie entfalten eine anziehende Wirkung auf Schädlinge, wie z. B. Schaben, Motten, Käfer usw. Die Schädlinge kriechen oder gelangen durch Flug in das Innere der Fallen und werden von den geleimten Flächen fest arretiert. Klebefallensysteme gibt es für eine Vielzahl von Schädlingen in den unterschiedlichsten Ausführungen.

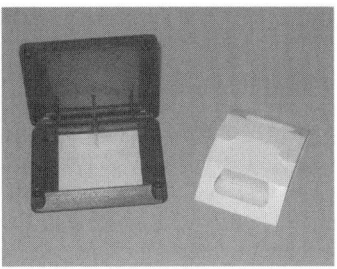

Abb. 5.2-1   Klebefallen für Kriechinsekten
(Quelle: Gemex Hygiene und Vorratsschutz GmbH)

Abb. 5.2-2   Mottenfalle (Quelle: Gemex Hygiene und Vorratsschutz GmbH)

5.2.2   Trichterfallen

Trichterfallen werden in der Regel mit artspezifischen Sexuallockstoffen ausgerüstet und sind sehr gut für das Abfangen von (männlichen) Mottenfaltern geeignet. Sie kommen hauptsächlich in trockenen und staubigen Bereichen, zur Anwendung, dort, wo Klebeflächen (z. B. aufgrund zu hoher Staubbelastung) schnell unwirksam werden könnten.

Abb. 5.2-3   Mottentrichterfalle mit Körbchen und Pheromon
(Quelle: Gemex Hygiene und Vorratsschutz GmbH)

5.2.3 Lichtfallen

(Fluginsektenvernichtungsgeräte mit Spannungsgitter oder Klebeflächen)

Fluginsektenvernichter können überall dort eingesetzt werden, wo Fluginsekten vorkommen. In explosionsgefährdeten Bereichen dürfen nur explosionsgeschützte Geräte verwendet werden. Die Fluginsekten werden durch UV-A-Licht (Bereich 365 nm) und/oder Grünlicht im 500 nm-Bereich angelockt. Die Abtötung der Fluginsekten erfolgt, je nach Art des Fluginsektenvernichters, durch einen Kurzschlussfunken oder durch ein Verkleben auf den Klebeflächen.

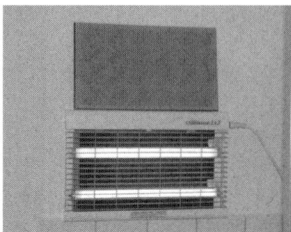

Abb. 5.2-4   Fluginsektenvernichter mit UV-A-Licht und Klebefläche
(Quelle: Gemex Hygiene und Vorratsschutz GmbH)

5.2.4 Köderfallen

Mittels speziell konzipierter Köderstationen werden Nagetiere zur ungestörten Köderaufnahme angelockt. Nach der Köderaufnahme verlässt das Nagetier wieder die Station und stirbt im Regelfall nach 3–5 Tagen. Der Nagetierbefall kann durch Biss- und/oder Kotspuren, Haare usw. in der Köderstation nachgewiesen werden. Die Köderfallen sind hervorragend zum Nachweis und zur gleichzeitigen Tilgung eines Nagetierbefalls geeignet.

Köderfallen gibt es ebenfalls in den unterschiedlichsten Ausführungen (z. B. Karton-, Edelstahl-, Kunststoffvarianten).

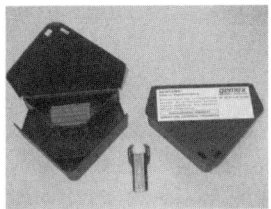

Abb. 5.2-5   **Kunststoffköderbox für Mäuse, mit sicherem Kammersystem für Köder und mit Spezialschlüssel zu öffnen**
(Quelle: Gemex Hygiene und Vorratsschutz GmbH)

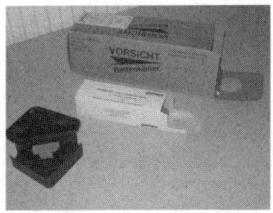

Abb. 5.2-6   **Köderboxen Nagetiere**
(Quelle: Gemex Hygiene und Vorratsschutz GmbH)

Abb. 5.2-7   **Rattenköderbox aus Hartkunststoff mit Kammersystem und zusätzlicher Sicherung für den Köder**
(Quelle: Gemex Hygiene und Vorratsschutz GmbH)

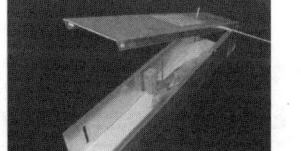

Abb. 5.2-8   **Rattendurchlaufstation aus Edelstahl mit gesichertem Köder**
(Quelle: Gemex Hygiene und Vorratsschutz GmbH)

5.2.5   Mechanische Fallen

• Lebendfallen

Auch hier werden Schadnager mittels speziell konstruierter Fallen angelockt und
nach erfolgreicher Anlockung in der Station unverletzt eingeschlossen. Eine tägliche
Kontrolle der Stationen ist nach dem Tierschutzgesetz unbedingt erforderlich.

Abb. 5.2-9   Lebendfalle (Quelle: Gemex Hygiene und Vorratsschutz GmbH)

• Schlagfallen

Schadnager werden durch Genickbruch sofort getötet.

Abb. 5.2-10   Rattenschlagfalle (Quelle: Gemex Hygiene und Vorratsschutz GmbH)

5.3   Regelmäßiges Monitoring und hygienegerechter Einsatz der Überwachungsinstrumente

Neben der Veränderung bzw. Berücksichtigung von Ungeziefer fördernden Faktoren
gibt es die Möglichkeit, durch geeignete Überwachungssysteme auftretenden Schäd-

lingsbefall in einem frühen Stadium zu erkennen. Dadurch können möglichst früh entsprechende und gezielte Maßnahmen eingeleitet werden. Basierend auf Lockstoffen (z. B. Pheromone, Futterlockstoffe, Köderstoffe usw.) arbeiten diese Überwachungssysteme als ständiger Monitor und können in der Regel einen guten Überblick über die jeweilige Befallssituation geben. Eine große Bedeutung kommt dabei der regelmäßigen Überprüfung und Erneuerung der ausliegenden Systeme zu.

So gilt es beispielsweise zu beachten, dass die meisten Überwachungsinstrumente nur über eine begrenzte Haltbarkeit verfügen. Alte, in Vergessenheit geratene oder nicht erneuerte Monitore können eine ernst zu nehmende hygienische Gefahr (z. B. durch Verschimmelung oder Fäulnis des Köders/Lockstoffs) für einen Lebensmittelbetrieb darstellen. Zusätzlich kann von derartigen Instrumenten natürlich auch keine Anlockwirkung mehr ausgehen. Für den Zielorganismus wirken sie abstoßend und unattraktiv. Als Folge daraus ergibt sich ein verfälschtes Befallsbild für Dienstleister und Kunden.

5.4 Dokumentation

Laut Anhang I Nummer 3.7 der Gefahrstoff-Verordnung (GefStoffV) vom 26. November 2010 sind Anwendungen von Schädlingsbekämpfungsmitteln ausreichend zu dokumentieren. Die Aufzeichnungen sind über einen Zeitraum von mindestens 5 Jahren aufzubewahren und auf Verlangen der zuständigen Behörde vorzulegen. Einer Dokumentationspflicht sind demnach nur der Gefahrstoffverordnung unterliegende Schädlingsbekämpfungsmittel unterworfen. Eine Pflicht zur Dokumentation hinsichtlich eingeleiteter Maßnahmen, festgestellten Befallsstärken usw. besteht allerdings nicht. Auch die Lebensmittelhygieneverordnung verpflichtet hier nicht zwingend zur Dokumentation. Letztendlich lassen sich aber getroffene Maßnahmen nur durch Aufzeichnungen eindeutig nachweisen.

Eine aussagekräftige Dokumentation zur Schädlingsbekämpfung und Schädlingsfreihaltung ist als Bestandteil des betrieblichen Eigenkontrollkonzeptes zu sehen.

Auf der Grundlage einer zeitgemäßen Schädlingsbekämpfung umfasst ein professioneller Bericht folgende Angaben:

- **Gesamtumfang der Betriebsstätte und Außenanlagen**

Alle Bereiche, die Anlieferung, Herstellung, Behandlung und Inverkehrbringung berücksichtigen.

- **Schädlingsbefunde**

Art und Ausmaß des Schädlingsbefalls

- **Befallsursachen**

Aufzeigen möglicher Ursachen für Einschleppung oder Zulauf und Bedingungen (baulicher, hygienischer und organisatorischer Art) für die Schädlingsausbreitung. Vorschlagen geeigneter Korrekturmaßnahmen.

- **Bekämpfung**

Angabe angewandter Verfahren, Art und Menge der eingesetzten Mittel.

- **Sicherheitsdatenblätter**

Physikalische, sicherheitstechnische und toxikologische Daten der eingesetzten Mittel.

- **Gekennzeichnete Pläne**

Art, Standort und Nummerierung der verwendeten Monitoringsysteme.

- **Schriftliche Bestätigung**

Datum und Unterschrift

Schädlingsbekämpfer/Auftraggeber

Darüber hinaus ermöglichen moderne Instrumente den besten Nutzen aus dem Monitoring. Viele gesetzlichen Vorgaben und Standards fordern bei der Schädlingsfreihaltung ein Monitoring basierend auf einer Gefahrenanalyse mit Bewertung des Risikos. Am besten durch erfahrene, professionelle Schädlingsbekämpfer mit Objektkenntnissen aufzustellen. Ferner bieten Trendanalysen die begründete Basis für Prognosen und Maßnahmen. Moderne Software bietet heute Trendanalysen mit Ampelfunktion zum qualifizierten Überblick. Historie zum einzelnen Prüfpunkt und auf interaktiven Plänen sichtbar. Sowie die Möglichkeit Feststellungen zeitnah zurück zu melden.

6 Schädlinge bekämpfen

6.1 Schädlingsbekämpfungsmittel

Schädlingsbekämpfungsmittel werden nur in den wenigsten Fällen in reiner Form angewendet. Meistens enthalten die Präparate viele andere Beimischungen, welche bestimmte Funktionen zu erfüllen haben.

6.1.1 Grundsätzliches zu Schädlingsbekämpfungs- mitteln

⌀ Am 17. Juli 2012 trat die neue EU-Biozid-Verordnung 528/2012 in Kraft. Angewendet wird sie seit dem 1. September 2013 und löst die EU-Biozid-Richtlinie (98/8/EG) von 2010 ab.

Zugelassene Biozid - Produkte sind auf der Website der Zulassungsstelle Bundesanstalt für Arbeitsschutz und Arbeitsmedizin nachzulesen www.baua.de .

Ziel der Biozid-Verordnung ist es die Primär- als auch die Sekundärexposition von Menschen, Nichtziel-Tieren und Umwelt zu minimieren.

Die Umsetzung erfolgt durch Planung und Anwendung aller geeigneten und verfügbaren Maßnahmen zur Risikominimierung.

Hierzu gehören die

— Beschränkung auf die Anwendung durch berufsmäßige Verwender

— Verpflichtung zur gesicherten Verwendung von Ködern/Wirkstoffen

— Einhaltung von hygienischen, baulichen und organisatorischen Anforderungen durch den Auftraggeber gemäß den gesetzlichen Vorgaben.

In der Praxis bedeutet dies:

— erhöhter Material- und Zeitaufwand für die gesicherte Ausbringung von Mitteln

— bestens qualifiziertes Fachpersonal

— zusätzlicher Schulungsbedarf.

Auf Grund horrender Zulassungs- und Listungsgebühren von Schädlingsbekämpfungsmitteln

— stehen künftig nur noch wenige Formulierungen zur Verfügung

— sind in Kürze nur noch bestimmte Ausbringungsverfahren erlaubt

— haben die Hersteller drastische Preiserhöhungen angekündigt.

Vor allem wurde der Einsatz von Fraßköder mit blutgerinnungshemmenden Wirkstoffen (Antikoagulanzien) zur Nagetierbekämpfung reglementiert. Diese Fraßköder dürfen nicht – wie bisher – als permanente Köder zur Vorbeugung gegen Nagerbefall oder zur Überwachung (Monitoring) von Nageraktivitäten eingesetzt werden. Erlaubt sind giftfreie Köder, Überwachungsgeräte oder Fallen.

Damit rücken die Maßnahmen, die einem Befall vorbeugen, immer stärker in den Vordergrund.

Kommen doch Fraßköder mit blutgerinnungshemmenden Wirkstoffen (Antikoagulanzien) zum Einsatz sind umfangreiche Risikominderungsmaßnahmen gemäß der Biozid-VO 528/2012 zu treffen:

— Ausbringung durch Sachkundige

— Ausschließlich zugelassene „DE"–Mittel

— Einsatz zugriffsbeschützter, manipulationssicherer Köderstationen

— Fixierung der Köder vor Ort

— Anpassung der Ködermenge und Anzahl Köderstationen an das analysierte Risiko

— Bewertung des Risikos, wie z. B. ebenerdige Zugänge, offen stehende Türen und Tore, Einschleppung von Schadnagern mit Warensendungen

— Frequentierung von Schadnagern im umliegenden Außenareal

Das Bundesamt für Arbeitsschutz und Arbeitsmedizin (BAuA) fordert für neu zugelassene Fraßköder mit Antikoagulanzien zur Nagetierbekämpfung kurze Kontrollintervalle (anfangs möglichst nach zwei bis drei bzw. spätestens nach fünf Tagen, danach wöchentlich).

🕯 Die Wirkstoffe in Schädlingsbekämpfungsmitteln werden einer sehr strengen Prüfung unterzogen, bevor sie zugelassen werden.

🕯 Behörden erteilen Zulassungen nur, wenn keine schädlichen Auswirkungen auf die Gesundheit von Mensch, Tier und Umwelt zu erwarten sind.

🕯 Die Zulassungen gehen von sachgemäßer Anwendung aus.

🕯 Anwendungsfehler führen längst nicht immer zu Nachteilen, nie zuvor war die Sicherheit größer.

🕯 Schädlingsbekämpfungsmittel sind sorgfältig konzipierte, maßgeschneiderte High-Chem-Produkte.

6.1.2   Einteilung der Schädlingsbekämpfungsmittel

Von den Zielgruppen aus betrachtet unterscheidet man folgende Präparate:

* Insektizide: Mittel gegen Insekten
* Rodentizide: Mittel gegen Nagetiere
* Akarizide: Mittel gegen Milben
* Molluskizide: Mittel gegen Schnecken
* Herbizide: Mittel gegen Unkräuter
* Fungizide: Mittel gegen Pilzkrankheiten
* Nematizide: Mittel gegen Nematoden

6.1.3   Zusammensetzung von Schädlingsbekämpfungs- mitteln

I   Wirkstoff(e)

II Zusatzstoffe

* Lösungsmittel
* Verschnittstoffe, Trägerstoffe (z. B. Schiefermehl, Kaolin, Gesteinsmehl, Granulat, Mikroverkapselung aus Polyurethan)
* Emulgatoren
* Netzmittel
* Resorptionsverbesserer
* Haftmittel
* Lockstoffe
* Warnfarbstoffe
* Stabilisatoren
* Antischimmelmittel (z. B. Fungistat)
* Bitterstoffe (z. B. Bitrex)
* Synergisten (z. B. Piperonylbutoxid = Synergist für Pyrethrum)

III Köder (z. B. Haferflocken, Weizen)

6.1.4 Wirkstoffgruppen in Schädlingsbekämpfungsmitteln und ihre Wirkungsweise

Ohne Anspruch auf Vollständigkeit und Zulassungsstatus sind nachfolgend einige Wirkstoffgruppen für Schädlingsbekämpfungsmittel beschrieben.

6.1.4.1 Insektizide

- Organophosphate
- Carbamate

Wirkungsweise

Die Übertragung eines Nervenimpulses von Nervenzelle zu Nervenzelle oder zur motorischen Endplatte des Muskels erfolgt chemisch durch die Freisetzung von Überträgersubstanzen, den sogenannten Neurotransmittern (s. Abb. 6.1-1). So stellt z. B. Acetylcholin einen wichtigen Botenstoff für die Reizweiterleitung im Nervensystem dar. Dieses wird nach der Übertragung in den Synapsen sofort durch das Enzym Acetylcholinesterase wieder gespalten und abgebaut. Das Enzym Acetylcholinesterase hat eine große Bedeutung für die Aufrechterhaltung eines normalen Muskeltonus.

Durch die Anwesenheit von Organophosphaten und Carbamaten im Organismus wird die Acetylcholinesterase blockiert, d. h. Acetylcholin reichert sich an und übt mit zunehmender Konzentration einen lang anhaltenden Reiz auf die Nervenzellen aus. Die Folgen dieser Wirkstoffgruppen sind zunächst eine starke Erregung und später das Auftreten von Lähmungen, die nach Ausschalten des Atemzentrums im Gehirn zum Tode führen. Die Wirkung dieser Insektizide ist stark biozid. Dies kann darauf zurückgeführt werden, dass das Enzym Acetylcholinesterase meist irreversibel gehemmt und nur sehr langsam im Organismus neu gebildet wird. Carbamate wirken generell schneller als Organosphosphate, ihre Toxizität im Organismus hält jedoch kürzere Zeit an.

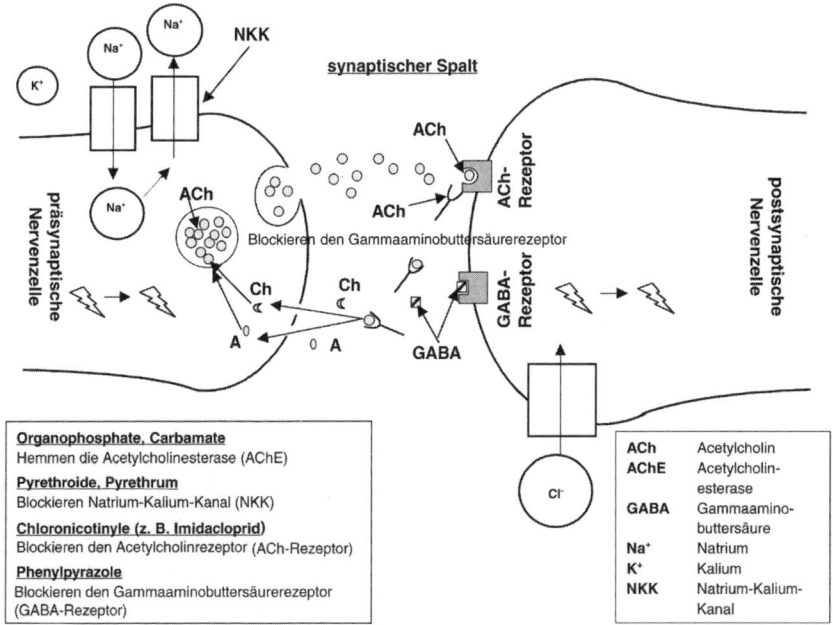

Abb. 6.1-1   Chemische Erregungsübertragung am synaptischen Spalt

- Pyrethroide
- Pyrethrum

Wirkungsweise

Die biozide Wirkung dieser beiden artverwandten Wirkstoffgruppen beruht auf einer Störung der Nervenreizleitung, in dem das Schließen des Natrium-Kalium-Kanals verzögert wird. Der Natrium-Kalium-Kanal ist innerhalb der Nervenzelle für die elektrische Weiterleitung des Impulses in Form von Aktionspotentialen zuständig. Die Anwesenheit von Pyrethroiden oder Pyrethrum führt zu einer erhöhten Natriumkonzentration, was zu einer verstärkten Ausschüttung von Neurotransmitter und einer Überreaktion der Nervenzellen führt. Bei Nervenzellen, die zur Steuerung der Muskulatur benötigt werden, kommt es zur ständigen Kontraktion. Als Folgeerscheinungen stellen sich unkoordinierte Bewegungen, Krampfperioden sowie ultimative Paralyse ein.

- Chloronicotinyle

Wirkungsweise

Imidacloprid, der Wirkstoffgruppe Chloronicotinyle angehörend, bindet analog zum körpereigenen Transmitter Acetylcholin an den Empfänger der nachgeschalteten Nervenzelle. Im Gegensatz zu Acetylcholin kann Imidacloprid jedoch nicht von der Acetylcholinesterase abgebaut werden. Die Folge ist eine Dauerreizung, welche dazu führt, dass das Insekt zunächst verkrampft und aufgrund der nachhaltigen Störung des Nervensystems letztendlich stirbt.

- Phenylpyrazole

Wirkungsweise

Diese Wirkstoffgruppe blockiert den GABA-Rezeptor (Gamma-Aminobuttersäure) an den Nervenfasern. Die Substanz GABA dient ebenfalls als Botenstoff im Nervensystem, hat jedoch eine Art rückwärtsgerichtete Funktion, in dem es die Weiterleitung eines elektrischen Impulses verhindern soll. Dies geschieht dadurch, dass GABA an den Empfänger (GABA-Rezeptor) der benachbarten Zelle andockt und in Folge dessen Chlorid-Kanäle geöffnet werden. Dieser Mechanismus ist sehr wichtig für eine Beruhigung der Nervenfasern und soll zusätzlich vor deren Überreizung schützen.

Eine wichtige Aufgabe des GABA-Rezeptors ist also die Regulierung des Chlorid-Kanals. Durch die Blockade des GABA-Rezeptors durch Fipronil bleibt der Chlorid-Kanal geschlossen, die Nerven können sich nicht mehr beruhigen und fangen sofort mit der Aussendung irregulärer Impulse an zu feuern. Die Impulse werden an das Muskelgewebe weitergeleitet und führen zunächst zu unkontrolliertem Zittern, Verkrampfung und schließlich zum Tod.

- Chitinsynthesehemmer

Wirkungsweise

Häutungshormone steuern die zur Entwicklung der einzelnen Larvenstadien notwendigen Häutungsprozesse. Dabei sind sie unter anderem auch für Chitinbildung zuständig. Chitin hat eine große Bedeutung für die Körperstabilität des Insektes. Chitin härtet nach dem Häutungsprozess die Haut des Insektes immer wieder aufs Neue aus, es stellt quasi den Zement des Körpergerüstes dar. Chitin besitzt eine zusätzliche Schutzfunktion, da es das Insekt wirkungsvoll vor Austrocknung schützen kann. Durch die Zufuhr von Chitinsynthesehemmern verunglückt der vollkommene Häutungsprozess beim Insekt, es kann nicht überlebensfähig bleiben und stirbt ab.

- Juvenoide

Wirkungsweise

Juvenoide sind künstliche Juvenilhormone. Den Juvenilhormonen kommt eine große Bedeutung in der Regulierung der Entwicklung der Insekten vom Larven-/Puppenstadium bis hin zum Imago zu. Durch Juvenilhormone wird die Bildung von Geschlechtsorganen solange unterbunden, bis alle Larven- oder Puppenstadien des Insekts durchlaufen sind. Erst im letzten Larven- bzw. Puppenstadium wird die Produktion dieses Hormons unterbrochen, so dass sich von nun an die Geschlechtsorgane entwickeln können. Durch die ständige Zuführung bzw. Anwesenheit von Juvenilhormonen bleiben die Insekten entweder auf einem Larven- oder Puppenstadium stehen. Im Regelfalle sterben sie ab, oftmals kann es auch zu Missbildungen der Geschlechtsorgane oder zur Unterdrückung der Eier- und Samenproduktion kommen.

- Energieblocker

Wirkungsweise

Diese Wirkstoffe wirken gezielt auf diejenigen Stoffwechselvorgänge beim Insekt ein, bei denen normalerweise körpereigene Energie aus der Nahrung gewonnen wird. Sie sind relativ langsam wirkende Magengifte und beeinflussen den Stoffwechsel- und Atmungsprozess insofern, in dem sie den Aufbau von ATP (Adenosintriphosphat) wirkungsvoll verhindern. Dem ATP kommt eine sehr große Bedeutung im Energiehaushalt zu, es ist unerlässlich zur Gewinnung körpereigener Energie. Nach der Aufnahme der Wirkstoffe werden die Insekten zunehmend lethargischer, letztendlich sterben sie an Energiemangel.

6.1.4.2   Rodentizide

Im Verlauf der Zulassungsprüfung nach neuer EU-Biozid-Verordnung Nr. 528/2012 ergaben sich für die Verwendung von Ratten- und Mäusebekämpfungsmitteln mit blutgerinnungshemmenden Wirkstoffen (Antikoagulanzien), sog. Rodentiziden, erhebliche Risiken für die Umwelt und der Resistenzentwicklung. Solche Wirkstoffe dürfen nicht mehr eingesetzt werden, außer das Risiko kann mit geeigneten Maßnahmen (Risikominderungsmaßnahmen RMM) ausreichend reduziert werden.

Die Risikominderungsmaßnahmen (RMM) werden für jedes Produkt einzeln festgelegt und sind rechtskräftig, sobald die Zulassung nach Biozid-Gesetz erteilt ist. Das heißt seit 1. Januar 2013 sind die Risikominderungsmaßnahmen (RMM) gemäß EU-Biozid-Verordnung für die ersten zugelassenen Rodentizide gültig. Sie werden in die Gebrauchsanweisung übertragen und sind bei der Anwendung des Produktes einzuhalten. Also vor Gebrauch stets Kennzeichnung und Produktinformationen lesen.

Das verändert die bisherige Nagetierbekämpfung, denn die dauerhafte Belegung mit Giftködern ist nicht mehr erlaubt. Damit rücken die Maßnahmen, die einem Befall vorbeugen, noch stärker in den Vordergrund.

Besteht z. B. die Gefahr, dass Nager dauerhaft aus dem Umfeld einwandern, dazu ein erhöhtes Risiko durch ebenerdige offen Türen und Tore, ist der Einsatz von Lebend- oder Schlagfallen nicht möglich (sind nach dem Tierschutzgesetzt täglich zu kontrollieren) und kommen doch Fraßköder mit blutgerinnungshemmenden Wirkstoffen (Antikoagulanzien) zum Einsatz, sind umfangreiche Risikominderungsmaßnahmen (RMM) gemäß der Biozid-VO 528/2012 zu treffen:

— Ausbringung durch Sachkundige

— keine Dauerbeköderung bzw. Monitoring mit wirkstoffhaltigen Ködern mehr

— für das Nagermonitoring sind giftfreie Köder, Überwachungsgeräte oder Fallen zu verwenden

— zur Bekämpfung zunächst möglichst biozidfreie Alternativen in Betracht ziehen

— Befallsursachen suchen und beseitigen

— Ausschließlich zugelassene „DE"–Mittel

— Giftköder geschützt ausbringen und dokumentieren

— Köderstationen häufig kontrollieren

— Einsatz zugriffsbeschützter, manipulationssicherer Köderstationen

— Fixierung der Köder vor Ort

— Anpassung der Ködermenge und Anzahl Köderstationen an das analysierte Risiko

— Bewertung des Risikos, wie z. B. ebenerdige Zugänge, offen stehende Türen und Tore, Einschleppung von Schadnagern mit Warensendungen

— Frequentierung von Schadnagern im umliegenden Außenareal

— Kennzeichnung der bekämpfenden Maßnahme z.B. durch Warnschilder

— vor Gebrauch stets Kennzeichnung und Produktinformationen lesen

Das Bundesamt für Arbeitsschutz und Arbeitsmedizin (BAuA) fordert für neu zugelassene Fraßköder (Erkennbar an der „DE" Nummer) mit Antikoagulanzien zur Nagetierbekämpfung kurze Kontrollintervalle (anfangs möglichst nach zwei bis drei bzw. spätestens nach fünf Tagen, danach wöchentlich). Stand September 2013

Es gelten die von der Bundesanstalt für Arbeitsschutz und Arbeitsmedizin (BAuA) am 25.03.2013 veröffentlichten Anwendungsbestimmungen „Allgemeine Kriterien einer guten fachlichen Anwendung von Fraßködern bei der Nagetierbekämpfung mit

Antikoagulanzien" für „sachkundige Anwender" und am 19.06.2013 für „nicht-Sachkundige".

Millionen von Anwendern wünschen sich auch bei den Rodentiziden ein Gleichgewicht zwischen *„Bekämpfungserfolg"* und *„Schutz von Mensch und Umwelt"*. Trotz erheblicher Risiken haben es die Rodentizide in die Biozid-Zulassung geschafft. Die massiven Beschränkungen erscheinen nicht praxisgerecht, da wirkungsvolle Alternativen noch fehlen. Die Informationslage ist zurzeit nicht ausreichend transparent und behindert die Umsetzung.

Zukünftig gilt es, gemeinsam mit gegenseitiger Unterstützung von Behörden, Anwendern, Forschung und Industrie, Wege zu finden, eine so einschneidende Vorschrift umzusetzen und Alternativen zu entwickeln um einem befürchteten Anstieg von Schadnagerbefall zu begegnen.

- Antikoagulantien

Wirkungsweise

Die Wirkung von Antikoagulantien besteht darin, dass sie die Produktion von Blutgerinnungsfaktoren beim Wirbeltier unterbinden. Die Blutgerinnungsfaktoren haben die Aufgabe, die Bildung von Fibrin (siehe Blutgerinnungsprozess) zu stimulieren. Fibrin ist ein großes Eiweißmolekül bzw. -geflecht, welches zum Verschließen einer Wunde notwendig ist. Üblicherweise werden in der Leber einfache Eiweißmoleküle zu Blutgerinnungsfaktoren synthetisiert. Die Energie für diesen überlebensnotwendigen Prozess wird von Vitamin K geliefert. Durch die Anwesenheit von Antikoagulantien wird die Produktion von Vitamin K blockiert, d. h. Blutgerinnungsfaktoren und Fibrin können nicht mehr gebildet werden. Das Wirbeltier stirbt an innerer Verblutung.

- Cholecalciferol (Vitamin D3)

Das natürlich vorkommende Vitamin (D2 Ergocalciferol, D3 Cholecalciferol) ist an der Regulierung des Kalzium-Haushalts im Körper von Wirbeltieren beteiligt. Normalerweise sorgt Vitamin K dafür, dass der Körper Kalzium und Phosphor aus dem Darm aufnehmen und in Zähnen und Knochen einbauen kann.

Bei Überdosierung kommt es zur Freisetzung von Kalzium aus den Knochen und in Folge zu einer Überdosierung im Blut. Dies führt bei Warmblütern zu Durchfall, Austrocknung des Körpers, Appetitlosigkeit, Phosphat und Kalkablagerungen in Weichteilen – vor allen in den Gefäßen und der Niere- zu Herzrhythmusstörungen und letztlich zu Tod durch Herzversagen.

Der Blutgerinnungsprozess

I   Gerinnungsreiz

ausgelöst durch:

Kontakt des Blutes mit körperfremden Oberflächen oder Einströmung einer gerinnungsaktivierenden Substanz aus dem Körpergewebe (Gewebsthromboplastin)

II   Gefäßkontraktion

III   Bildung eines Propfes aus Blutplättchen (Thrombozyten)

ausgelöst durch die Verletzung freigesetzten Stoffe:

* ADP (Adenosindiphosphat) aus Gewebszellen
* Kollagen aus Blutgefäßzellen (nicht bei Ratten)
* Thrombin

Thrombozyten haben ihre physiologische Hauptfunktion in der Frühphase von Verletzungen.

IV   Aktivierung des Gerinnungssystems

Gewebsthromboplastin aktiviert   **Faktor X**.

Faktor X bewirkt, dass in der Leber   **Prothrombin**

unter Verwendung von   **Vitamin K**

Thrombin

gebildet wird. Thrombin verwandelt   **Fibrinogen**

in   **Fibrin**.

Fibrin ist ein großes Eiweißgeflecht, welches die Wunde schließt.

Einteilung der Antikoagulanzien in 1. und 2. Generation

Tab. 6.1-1   Als Biozid-Wirkstoffe zugelassene Antikoagulanzien
(Quelle: Quelle Umweltbundesamt 2012, eingesehen Oktober 2013
SGAR: Antikoagulans der zweiten Generation (Second-generation anticoagulants)
FGAR: Antikoagulansder ersten Generation (First-generation anticoagulants))

Wirkstoffe der 1. Generation (FGAR)	Wirkstoffe der 2. Generation (SGAR)
Coumatetralyl	Difenacoum
Chlorphacinon	Bromadiolon
Warfarin	Difethialon
	Brodifacoum
	Flocoumafen

Für den Einsatz von Antikoagulanzien gelten im Zuge der neuen Biozid-Verordnung 528/2012, neben den Anwendungshinweisen für das jeweilige „DE" zugelassene Produkt, „Die Kriterien zur guten fachlichen Anwendung durch sachkundige Anwender", denen für die Nagetierbekämpfung Fraßköder mit Antikoagulanzien der 1. und 2. Generation sowie für nicht sachkundige Anwender, denen nur die 1. Generation zur Verfügung stehen. (Quelle BAuA Bundesanstalt für Arbeitsschutz und Arbeitsmedizin eingesehen Oktober 2013)

Kriterien der guten fachlichen Anwendung durch Sachkundige Anwender

(Veröffentlichung der BAuA Bundesanstalt für Arbeitsschutz und Arbeitsmedizin vom 25.03.2013)

Allgemeine Kriterien einer guten fachlichen Anwendung von Fraßködern bei der Nagetierbekämpfung mit Antikoagulanzien durch sachkundige Anwender[2] und berufsmäßige Anwender mit Sachkunde

Die nachfolgenden Kriterien stellen die allgemeine gute fachliche Anwendung von Fraßködern dar. Diese sind Bestandteil der Anwendungsbestimmungen des Bescheids und rechtsverbindlich. Anwendungsbestimmungen, die speziell für das gekaufte Produkt gelten, müssen zusätzlich befolgt werden.

---

[2] Anwender mit Sachkundenachweis gemäß Anhang I, Nr.3 Gefahrstoffverordnung

Allgemeine Sicherheitsbestimmungen

— Jeden unnötigen Kontakt mit dem Mittel vermeiden. Missbrauch kann zu Gesundheitsschäden führen.

— Darf nicht in die Hände von Kindern gelangen.

— Von Nahrungsmitteln, Getränken und Futtermitteln fernhalten.

— Zur Vermeidung von Risiken für Mensch und Umwelt ist die Gebrauchsanleitung einzuhalten.

— Den Köder für Kinder unzugänglich auslegen, den Zugang für Haus- und Wildtiere so weit wie möglich verhindern.

Planung und Dokumentation

— Die Nagerart, die Größe des betroffenen Gebietes und die Befallsursache ermitteln.

— Die Befallsstärke der Nager abschätzen.

— Die bevorzugten Aufenthaltsorte (Laufwege, Nistplätze, Fressplätze, Löcher/ Gänge) der Nager feststellen und in einer Lageskizze dokumentieren.

— Den Wirkstoff, die Art des Köders, die Anzahl der Köderstellen und die Ködermenge in Abhängigkeit vom Zielorganismus und seiner Biologie, dem Grad des Befalls und der direkten Umgebung wählen und dokumentieren.

— Die Befallsstellen nicht zu Beginn der Maßnahme aufräumen, da dies die Nager stört und die Köderannahme erschwert, es sei denn, das Aufräumen ist aufgrund der konkreten Anwendungssituation erforderlich. Für Nager leicht erreichbare Nahrungsquellen und Tränken (wie z. B. verschüttetes Getreide, offene Müllbehälter mit Nahrungsabfällen etc.) möglichst entfernen.

— Vor der Bekämpfungsmaßnahme alle Nutzer der Räumlichkeiten und Gebäude sowie öffentlich zugänglicher Bereiche, in denen Giftköder ausgelegt werden, mittels angebrachter, allgemein verständlicher Warnhinweise auf die Risiken einer Primär- oder Sekundärvergiftung hinweisen. Diese angebrachten Hinweise müssen mindestens die nachfolgenden Angaben enthalten:

• Erste Maßnahmen, die im Falle einer Vergiftung ergriffen werden müssen,

• Maßnahmen, die im Falle des Verschüttens des Köders und des Auffindens von toten Nagern ergriffen werden müssen,

• Produkt- und Wirkstoffnamen inkl. Zulassungsnummer,

- Kontaktdaten des verantwortlichen Anwenders,
- Rufnummer eines Giftinformationszentrums[3] und Gegengift angeben,
- Datum, wann Köder ausgelegt wurden.
- Ziel einer Bekämpfung ist die Tilgung der Nagerpopulation im Befallsgebiet/ -objekt

Durchführung und begleitende Maßnahmen

- Köder mit Antikoagulanzien nicht als Permanentköder[4], zur Vorbeugung gegen Nagerbefall oder zum Monitoring von Nageraktivitäten einsetzen. Zum Nagetiermonitoring giftfreie Köder, Überwachungsgeräte oder Fallen verwenden.
- Im Regelfall hat eine Bekämpfungsmaßnahme einen Zeitraum von einem Monat nicht zu überschreiten. Bei einem andauernden Nagerbefall z. B. durch ständige Einwanderung von außen in eine Einrichtung oder einen Betrieb (z. B. Lebensmittelbetrieb) ist eine Bekämpfung aber auch über diesen Zeitraum hinaus möglich. In solchen Fällen ist zu prüfen, ob es geeignete Maßnahmen gibt, die dem immer wieder neu auftretenden Nagerbefall entgegenwirken können.
- Den Köder für Kinder unzugänglich auslegen, den Zugang für Haus- und Wildtiere so weit wie möglich verhindern. Köderstationen zur Ausbringung von Ködern verwenden. Wenn die Beschaffenheit der Köder und Köderstationen dies zulässt, die Köder in den Köderstationen sichern, dass ein Verschleppen durch Nagetiere nicht möglich ist. Nur in der Kanalisation und in Bereichen[5], die für Kinder und Nicht-Zieltiere nicht zugänglich sind, ist eine Köderauslegung ohne Köderstation zulässig.
- Köderstationen verwenden, die mechanisch ausreichend stabil und manipulationssicher sind.
- Köderstationen müssen so in ihrer Form beschaffen sein und aufgestellt werden, dass sie möglichst unzugänglich für Nicht-Zieltiere sind.
- Köderstationen deutlich kennzeichnen[6], damit zu erkennen ist, dass sie Rodentizide enthalten und nicht berührt werden dürfen.

---

[3] http://www.bfr.bund.de/de/vergiftungen-7467.html
[4] Befallsunabhängige Dauerbeköderung
[5] z. B. geschlossene Kabeltrassen oder Rohrleitungen, Unterbauten von z. B. Elektroschaltschränken oder Hochspannungsschränken, Hohlräume in Wänden und Wandverkleidungen
[6] Die Kennzeichnung von Köderstationen sollte mindestens die folgenden Informationen enthalten: Warnhinweis (z. B. Vorsicht Rattengift), Wirkstoff(e), Antidot und Hinweis „Kinder und Haustiere fernhalten"

— Köderstationen gezielt an den zuvor erkundeten Aufenthaltsorten der Nager platzieren.

— Bei der Auslegung der Köder Anwendungsbestimmungen des Herstellers z. B. zur Aufwandsmenge und zum Anwendungsbereich befolgen.

— Bei der Anwendung des Produktes z. B. in der Kanalisation oder in Ratten-/ Mäuselöchern oder Wühlmausgängen produktspezifische Anwendungsbestimmungen befolgen.

Kontrollen

— Grundsätzlich müssen zu Beginn der Bekämpfung die Köderstellen möglichst alle 2-3 Tage, mindestens aber nach dem 5. Tag und anschließend wöchentlich kontrolliert werden. Dies gilt auch für Bekämpfungsmaßnahmen, die länger als einen Monat andauern. Abweichend davon müssen die Köderstellen in der Kanalisation erstmalig nach 14 Tagen und anschließend alle 2–3 Wochen kontrolliert werden.

— Bei jeder Kontrolle gefressene Köder ersetzen und die qualitative Annahme (Vorhandensein/Nicht-Vorhandensein) der Köder bei jeder Kontrolle dokumentieren.

— Bei jedem Kontrollbesuch das betroffene Gebiet nach toten Nagern absuchen und diese entsprechend den lokalen Anforderungen entsorgen, um Sekundärvergiftungen vorzubeugen.

— Wird der ausgelegte Köder nach einer Dauer von etwa einem Monat immer noch unvermindert stark angenommen, ohne dass die Aktivität der Nagetiere abnimmt, so ist die Ursache hierfür zu ermitteln. Es besteht in solchen Fällen der Verdacht auf Resistenz gegen den eingesetzten Wirkstoff und der Einsatz eines anderen, potenteren Wirkstoffs ist zu prüfen. Weiterführende Informationen zu Resistenzen und zum Resistenzmanagement finden sich auf den folgenden Internetseiten:

http://www.jki.bund.de/stand-rodentizidresistenz.html
http://www.jki.bund.de/ratten-resistenzmanagement.html

— Ein Wechsel zwischen verschiedenen Antikoagulanzien vergleichbarer oder geringerer Potenz ist keine sichere Möglichkeit des Resistenzmanagements, da alle Antikoagulanzien über eine identische Wirkungsweise verfügen und die Art der Resistenz ebenfalls ähnlich ist. Bei Feststellen einer Resistenz sind bei fehlender Einsetzbarkeit von Wirkstoffen mit anderen Wirkmechanismen potentere Antikoagulanzien zu verwenden. Die Verwendung von Fallen ist als weitere Bekämpfungsmaßnahme zu prüfen.

— Bei einer im Verhältnis zu der abgeschätzten Befallsstärke geringen Köderannahme ist die Änderung des Orts der Auslegung oder die Art des Köders zu prüfen.

Beendigung der Bekämpfungsmaßnahme

— Nach Abschluss der Bekämpfungsmaßnahme nicht angenommene Köder und tote Nager fachgerecht entsorgen, um Primär- und Sekundärvergiftungen vorzubeugen.

— Unbeschädigte Köderstationen und von Nagern unberührte Köder können wiederverwendet werden.

— Den Bekämpfungserfolg dokumentieren und belegen.

Nachkontrolle und Prävention

— Um nach der erfolgten Bekämpfungsmaßnahme einen Neubefall zu vermeiden, folgende vorbeugende Maßnahmen ergreifen:

• Nahrungsquellen und Tränken (Lebensmittel, Müll, Tierfutter, Kompost etc.) möglichst entfernen oder für Nager unzugänglich machen.

• Beseitigung von Unrat und Abfall, der als Unterschlupf dienen könnte. Vegetation in unmittelbarer Nähe von Gebäuden möglichst entfernen.

• Wenn möglich, Zugänge (Spalten, Löcher, Katzenklappen, Drainagen etc.) zum Innenbereich für Nagetiere unzugänglich machen oder verschließen.

— Den Auftraggeber über mögliche Präventionsmaßnahmen gegen künftigen Nagerbefall informieren.

— Alle relevanten Aufzeichnungen zu den Bekämpfungsmaßnahmen dem Auftraggeber und zuständigen Behörden auf Nachfrage vorlegen.

Kriterien der guten fachlichen Anwendung durch nicht sachkundige Anwender

(Veröffentlichung der BAuA Bundesanstalt für Arbeitsschutz und Arbeitsmedizin vom 19.06.2013)

Allgemeine Kriterien einer guten fachlichen Anwendung von Fraßködern bei der Nagetierbekämpfung mit Antikoagulanzien durch nicht-sachkundige Anwender

Die nachfolgenden Kriterien stellen die allgemeine gute fachliche Anwendung von Fraßködern dar. Diese sind Bestandteil der Anwendungsbestimmungen des Bescheids und rechtsverbindlich. Anwendungsbestimmungen, die speziell für das gekaufte Produkt gelten, müssen zusätzlich befolgt werden.

Allgemeine Sicherheitsbestimmungen

— Jeden unnötigen Kontakt mit dem Mittel vermeiden. Missbrauch kann zu Gesundheitsschäden führen.

— Darf nicht in die Hände von Kindern gelangen.

— Von Nahrungsmitteln, Getränken und Futtermitteln fernhalten.

— Zur Vermeidung von Risiken für Mensch und Umwelt ist die Gebrauchsanleitung einzuhalten.

— Den Köder für Kinder unzugänglich auslegen, den Zugang für Haus- und Wildtiere soweit wie möglich verhindern.

Vorbereitung

— Vor der Anwendung von Bioziden den Einsatz biozidfreier Alternativen prüfen. Vor allem bei der Bekämpfung von Hausmäusen, Wühlmäusen und vereinzelt auftretenden Ratten sind Fallen (Klebefallen sollen aus Gründen des Tierschutzes nicht verwendet werden) dem Einsatz von Biozid-Produkten vorzuziehen. Der Einsatz von Bioziden ist das letzte Mittel der Wahl und sollte immer auf das notwendige Mindestmaß reduziert werden.

— Die bevorzugten Aufenthaltsorte (Laufwege, Nistplätze, Fressplätze) der Nager in und um Gebäude z. B. anhand von Nage- und Kotspuren oder durch das Auslegen von kleinen Mengen giftfreien Köders (z. B. Haferflocken) feststellen. Die Reste der giftfreien Köder vor Beginn der eigentlichen Bekämpfung wieder entfernen.

— Die Befallsstellen möglichst nicht zu Beginn der Maßnahme aufräumen, da dies die Nager stört und die Köderannahme erschwert, es sei denn, das Aufräumen ist aufgrund der konkreten Anwendungssituation erforderlich. Für Nager leicht erreichbare Nahrungsquellen möglichst entfernen.

— Vor der Bekämpfungsmaßnahme alle Nutzer der Räumlichkeiten und Gebäude sowie deren Umgebung, in denen Giftköder ausgelegt werden, über die Vergiftungsgefahr für Menschen und Haus- und Wildtiere und über die Maßnahmen, die im Falle einer Vergiftung, des Verschüttens des Köders oder des Findens von toten Nagern zu ergreifen sind, informieren (s. Herstellerangaben).

Durchführung und begleitende Maßnahmen

— Das Biozid-Produkt nur in und unmittelbar um Gebäude verwenden. Nicht im Garten oder vom Gebäude entfernt auslegen.

— Köder nicht zur Vorbeugung gegen Nager oder zur Feststellung eines Nagerbefalls auslegen.

— Es müssen Köderstationen zur Ausbringung von Ködern verwendet werden. Wenn die Beschaffenheit der Köder und Köderstationen dies zulässt, die Köder in den Köderstationen sichern, so dass ein Verschleppen durch Nagetiere nicht möglich ist. Das Auslegen von Ködern ohne

— Köderstation stellt eine hohe Vergiftungsgefahr für Menschen und Haus- und Wildtiere dar!

— Köderstationen gezielt an den zuvor erkundeten, von Nagern bevorzugten Aufenthaltsorten platzieren.

— Den Köder für Kinder unzugänglich auslegen, den Zugang für Haus- und Wildtiere so weit wie möglich verhindern. Bei der Auslegung der Köder die Anwendungsbestimmungen des Herstellers befolgen.

— Bei der Anwendung des Produktes z. B. in Ratten-/Mäuselöchern oder Wühlmausgängen produktspezifische Anwendungsbestimmungen befolgen.

Kontrollen

— Zu Beginn der Bekämpfung Köderstellen möglichst alle 2–3 Tage und anschließend mindestens wöchentlich aufsuchen und kontrollieren, ob der Köder angenommen wird und die Köderstationen unversehrt sind.

— Bei jeder Kontrolle gefressene Köder ersetzen und das betroffene Gebiet nach toten Nagern absuchen, diese entsorgen, um damit Sekundärvergiftungen von Haus- und Wildtieren vorzubeugen.

— Tote Nager in einer Plastiktüte verpackt über den Hausmüll oder eine Tierkörperbeseitigungsanlage entsorgen.

— Wenn nach etwa einem Monat von den Nagetieren unvermindert Köder aufgenommen werden, ohne dass ein Nachlassen der Nagetieraktivität erkennbar ist, sollte unbedingt ein professioneller Schädlingsbekämpfer hinzugezogen werden.

Beendigung der Bekämpfungsmaßnahme

— Die Bekämpfungsmaßnahme beenden, wenn keine Köder mehr angenommen werden.

— Alle Köder und tote Nager vom Befallsort entfernen. Bei der Aufnahme von Köderresten Hautkontakt vermeiden. Köder entsprechend der Herstellerangaben entsorgen.

— Unbeschädigte Köderstationen können wiederverwendet werden.

Nachkontrolle und Prävention

— Um nach einer erfolgreichen Bekämpfungsmaßnahme einen Neubefall zu vermeiden, folgende vorbeugende Maßnahmen ergreifen:

• Nahrungsquellen und Tränken (Lebensmittel, Tierfutter, Kompost, Müll, etc.) möglichst entfernen oder für Nager unzugänglich machen.

• Beseitigung Unterschlupfmöglichkeiten für die Nager, z. B. Unrat Gerümpel und Abfall. Vegetation in unmittelbarer Nähe von Gebäuden ggf. entfernen.

• Wenn möglich, Zugänge (Spalten, Löcher, Katzenklappen, Drainagen etc.) zum Innenbereich für Nagetiere unzugänglich machen oder verschließen.

6.1.5 Toxizitätsvergleich zwischen verschiedenen Wirkstoffen

Ohne Anspruch auf Vollständigkeit und Zulassungsstatus sind nachfolgend einige Wirkstoffgruppen im Toxizitätsvergleich aufgezählt.

Die Toxizität einer Substanz ist abhängig von:

• der entsprechenden Art der Substanz

• der verabreichten Menge (Dosis)

• der Art der Aufnahme (Applikation)

• der Wirkzeit der Substanz

• dem Zustand des Organismus.

Die Toxizität von Wirkstoffen ist über den Tierversuch messbar. Dabei ermittelt man, welche Mengen eines Wirkstoffes 50 % der Versuchstiere (meist Ratte) töten und rechnet das auf 1 kg Körpergewicht um. Das ermittelte Maß ergibt die LD_{50}-Rate (Letale Dosis, bei der 50 % der Versuchstiere sterben).

Nachfolgende Tabelle 6.1-10 gibt einen Überblick über die LD_{50}-Raten der wichtigsten Insektizide und Rodentizide.

Tab. 6.1-2   Toxizitätsvergleich der wichtigsten Insektizide und Rodentizide

Wirkstoffgruppe	Wirkstoffbeispiele	LD50 mg/Kg (Ratte)
Organophosphate	Dichlorvos	56–80
	Chlorpyrifos	135–245
	Fenitrothion	570–740
Carbamate	Bendiocarb	40–156
	Propoxur	95–104
Pyrethroide/Pyrethrum	Cypermethrin	200–800
	Permethrin	4000
	Pyrethrum	584–900
Cloronicotinyle	Imidacloprid	642–648
Phenylpyrazole	Fipronil	97
Chitinsynthesehemmer	Triflumuron	>5 000
Juvenoide	Fenoxycarb	>10 000
	Pyriproxifen	>10 000
Energieblocker	Hydramethylnon	1 131–1 300
Antikoagulantien	Flocoumafen	0,25–0,56
	Brodifacoum	0,32–0,75
	Difethalon	0,56
	Bromadiolon	1,125
	Difenacoum	1,8–2,45
	Warfarin	58–233

6.2   Applikationsverfahren

Unter Applikation versteht man die zielgerichtete und dosierte Ausbringung und Verteilung von Schädlingsbekämpfungsmitteln. Die Auswahl des richtigen Applikationsverfahrens gehört in die Hände des Fachmanns, da es eine Vielzahl an Gesichtspunkten zu berücksichtigen gibt, um alle Anforderungen hinsichtlich Wirksamkeit, Gesundheitsschutz, Umweltschutz, Ökonomie usw. erfüllen zu können.

Für die Auswahl des Applikationsverfahrens sind als wichtigste Kriterien zu nennen:

🔹 die zu bekämpfende Schädlingsart

🔹 der Einsatz des toxikologisch vorteilhaftesten Mittels mit der größten Wirkung

  ◈ die Raumstruktur, Beschaffenheit, Größe und Ausstattung des befallenen Bereichs

  ◈ die vorhandenen Energiequellen

  ◈ die Zeit, die für die Bekämpfung zur Verfügung steht.

6.2.1   Applikationsformen

Die gebräuchlichsten Applikationsformen von Schädlingsbekämpfungsmitteln und ihre Wirkung auf Zielorganismen:

- **Spray, Schaum**

vorwiegend Kontaktgifte, aber auch Atemgifte

Abb. 6.2-1   **Insektizide Spray- und Schaumpräparate**
(Quelle: Gemex Hygiene und Vorratsschutz GmbH)

- **Verdampfen, Begasen, Strips**

vorwiegend Atemgifte

- **Spritzen**

Teilchengröße >150 µm und <300 µm;

Kontaktgifte, Atemgifte

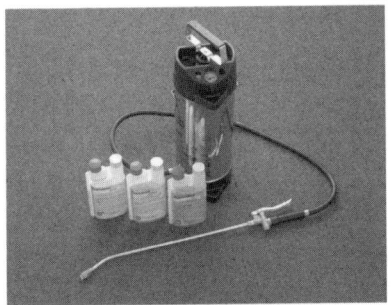

Abb. 6.2-2   **Druckbehälter** (Quelle: Gemex Hygiene und Vorratsschutz GmbH)

- **Sprühen**

Teilchengröße >50 µm und <150 µm;

Kontaktgifte, Atemgifte

- **Nebeln**

Teilchengröße 40–50 µm,

Kontaktgifte; Atemgifte

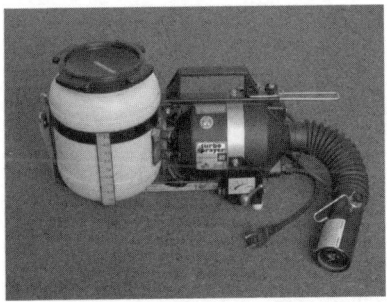

Abb. 6.2-3   **Nebelgerät** (Quelle: Gemex Hygiene und Vorratsschutz GmbH)

- **Ultra-Low-Volume-Verfahren (ULV)**

Teilchengröße 10–40 µm,

Kontaktgifte, Atemgifte

- **Mikroverkapselung**

Kapselgröße 10–40 µm, Kontaktgifte, Atemgifte

- **Anstreichmittel, Lacke**

Kontaktgifte, Atemgifte, Fraßgifte

- Granulate, Streuköder, Stäubemittel, Pasten, Gel

Kontaktgifte, Fraßgifte

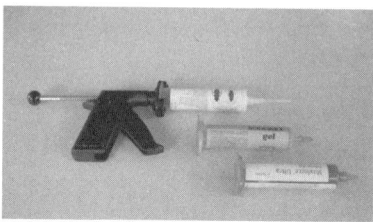

Abb. 6.2-4 **Gelpistole mit Gelkartuschen**
(Quelle: Gemex Hygiene und Vorratsschutz GmbH)

Abb. 6.2-5 **Rodentizide** (Quelle: Gemex Hygiene und Vorratsschutz GmbH)

6.3 Sicherheitsmaßnahmen vor, während und nach Bekämpfungen

Eine wirkungsvolle Bekämpfung von Schädlingen ist ohne chemische Mittel nicht möglich. Deshalb sind alle erdenklichen und praktisch realisierbaren Vorsichtsmaßnahmen zu treffen, um Gesundheitsschäden während und nach der Anwendung auszuschließen. Die von Auftraggeberseite her zu erbringenden Vorarbeiten bilden eine unerlässliche Voraussetzung für den Bekämpfungserfolg. Für ein professionelles Schädlingsbekämpfungsunternehmen versteht es sich daher von selbst bereits im Vorfeld die Vielzahl an erforderlichen Sicherheitsmaßnahmen gemeinsam mit seinem Kunden abzustimmen.

Einige wichtige Beispiele für Sicherheitsmaßnahmen sollen nachfolgend kurz aufgeführt werden:

Maßnahmen vor der Behandlung

- Festlegung des Datums und der Uhrzeit für Beginn und Ende der Bekämpfung

- Festlegung eines Verantwortlichen für Schädlingsbekämpfung und für Schlüssel

- Unterrichten des Verantwortlichen über zu treffende Sicherheitsvorkehrungen

- Auslagerung von Lebensmitteln, Tabakerzeugnissen, kosmetischen Mitteln, Bedarfsgegenständen und/oder deren sichere Abschirmung

- Abrücken der Waren usw. von den Wänden

- Beseitigung von Staub, Schmutz und Fett

- Ausräumen von Schränken, Schubladen und ähnlichen Behältnissen

- Unterrichten der gesamten Belegschaft über Datum, Uhrzeit und zu treffende Sicherheitsvorkehrungen

- Ermittlung der Lage aller wichtigen Absperrhähne und Hauptsicherungen sowie Festlegen von Maßnahmen bei eventuellen Störungen

- Festlegen der Dekontaminationsarbeiten

- Prüfen von Schächten und Kanälen im Hinblick auf erforderliche Abdichtungsmaßnahmen

- Festlegen der Erfordernis des Öffnens von Geräten, abgehängten Decken und sonstigen Verkleidungen

- Festlegen des Personenkreises, welcher das Öffnen und Schließen von Geräten usw. übernimmt

Maßnahmen während der Behandlung

- Sperren des Zugangs zum Bearbeitungsobjekt mit entsprechenden schriftlichen Hinweisen (Zutritt haben nur Personen mit Schutzausrüstung)

Maßnahmen nach der Behandlung

- Einleiten von Lüftungsmaßnahmen

- Fortsetzen von Lüftungsmaßnahmen

- Entfernen der Mittelbeläge von Flächen und Gegenständen, die mit Lebensmitteln in Berührung kommen können (Stellen sind zu kennzeichnen)

- Regelmäßige Staubbeseitigung

- Erbringen des Nachweises der Tilgung

- Regelmäßige Kontrollen

- Ständiges Beobachten in Bezug auf Ungezieferbefall

- Beseitigen aller ungezieferbegünstigenden Umstände

7 Schädlinge selbst bekämpfen oder geeigneten Dienstleister beauftragen

Der Beruf Schädlingsbekämpfer ist in Deutschland seit 01. August 2004 ein dreijähriger Lehrberuf. Vor einem Prüfungsausschuss der Industrie- und Handelskammer muss die Qualifikation und Sachkunde für diesen Beruf nachgewiesen werden.

Abb. 7-1   **Servicetechniker beim Applizieren von Fraßgel**
(Quelle: Gemex Hygiene und Vorratsschutz GmbH)

7.1 Merkmale von sachkundigen Schädlingsbekämpfern

Gemäß der Gefahrstoff-Verordnung darf nur noch der geprüfte Schädlingsbekämpfer die gewerbliche Schädlingsbekämpfung durchführen. Der §15e der Gefahrstoffverordnung mit Anhang V Nr. 6 und der § 18 des Infektionsschutzgesetzes vom 20. April 2013 (www.juris.de), legen mitunter fest, wann eine gewerbliche Schädlingsbekämpfung vorliegt und das gewisse Forderungen eingehalten werden müssen.

Diese Forderungen sind im Einzelnen:

Anzeigepflicht gemäß Anhang I Nummer 3.4 GefStoffV

♦ Hat der Schädlingsbekämpfer seine Tätigkeit mindestens sechs Wochen vor Beginn des ersten Einsatzes bei der zuständigen Behörde angezeigt?

✓ Nachweis der Anzeige verlangen

Sachkunde gemäß Anhang I Nummer 3.4 (6) GefStoffV

◈ Verfügen die Personen, die Schädlingsbekämpfungen durchführen, über die nötige Sachkunde? Als sachkundig gelten Personen, die die Prüfung mit anerkanntem Abschluss „Geprüfter Schädlingsbekämpfer" oder zum Gehilfen oder Meister für Schädlingsbekämpfung nach früherem DDR-Recht abgelegt haben oder die über eine spezielle Sachkunde gemäß TRGS 523 verfügen. Auch der Einsatz von Hilfskräften ist nur gestattet, wenn sie unter unmittelbarer Aufsicht der sachkundigen Personen arbeiten.

✓ Sachkundezeugnisse anfordern

Erlaubnis zur Bekämpfung von Wirbeltieren gemäß TierSchG

◈ Hat der Schädlingsbekämpfer die Erlaubnis der zuständigen Behörde für das Bekämpfen von Wirbeltieren als Schädlinge?

✓ Nachweis der Erlaubnis verlangen

Jährliche Unterweisung gemäß TRGS 523

◈ Werden die Servicetechniker einmal jährlich mündlich und arbeitsplatzbezogen im Umgang mit Gefahrstoffen unterwiesen?

✓ Aktuelle Nachweise anfordern

Regelmäßige Weiterbildung gemäß TRGS 523

◈ Bilden sich die Sachkundigen regelmäßig fort?

✓ Aktuelle Nachweise anfordern

Die „Technische Regeln für Gefahrstoffe" sind neben den Forderungen der Gefahrstoffverordnung unbedingt zu beachten.

Nachweise gemäß § 43 IfSG

◈ Verfügen die Schädlingsbekämpfer über einen Belehrungsnachweis?

✓ Belehrungsnachweis verlangen

Schutzmaßnahmen gemäß TRGS 523

🕯 Klärt der Schädlingsbekämpfer den Auftraggeber, Raumbenutzer über die vor, während und nach Raumentwesungen zu treffenden Vorsichtsmaßnahmen auf?

✓ Vorhandene Unterlagen auf Sicherheitshinweise prüfen

Arbeitsschutzfähigkeit

🕯 Verfügt das Schädlingsbekämpfungsunternehmen über ein zertifiziertes Arbeitsschutzmanagementsystem OHRIS (entspricht Anforderungen OHSAS 18001)

✓ Zertifikate anfordern

Haftpflicht-, Umwelthaftpflicht- und Umweltschadensversicherung

🕯 Verfügt das Schädlingsbekämpfungsunternehmen über eine Betriebshaftpflichtversicherung für Personen- und Sachschäden sowie über eine Umwelthaftpflichtversicherung und Umweltschadensversicherung mit jeweils ausreichender Deckungssumme?

✓ Nachweise der Versicherungen verlangen

Persönliche Nachweise

🕯 Verfügt das Unternehmen über die Gewerbeanmeldung zur Schädlingsbekämpfung

🕯 Erfolgte die jährliche Anzeige der Schädlingsbekämpfungsmittel beim Gewerbeamt?

🕯 Verfügen die Mitarbeiter über die persönlichen Nachweise wie polizeiliches Führungszeugnis, Sachkunde als Schädlingsbekämpfer und den persönlichen Nachweis zum Töten von Wirbeltieren.

✓ Nachweise anfordern

Überblick der eingesetzten Präparate mit aktuellen Sicherheitsdatenblättern

🕯 Erhalten Sie als Auftraggeber einen aktuellen Überblick der eingesetzten Mittel und Präparate mit aktuellen Sicherheitsdatenblättern gemäß „REACH"?

✓ Nachweise anfordern

Umsetzung der neuen EU-Biozid-Verordnung 528/2012

◈ Erhalten Sie als Auftraggeber einen Überblick der eingesetzten Mittel und ggf. der Anwendungsvorschriften z. B. in Form von Etiketten sowie der getroffenen Risikominderungsmaßnahmen gemäß Biozid-Verordnung 528/2012?

✓ Umsetzung anfordern

Die genannten gesetzlichen Forderungen (GefStoffV und TRGS) gelten nur für die Verwendung von sehr giftigen, giftigen oder gesundheitsschädlichen Stoffen oder Zubereitungen. Durch die Novelle des Lebensmittelrechts liegt die Verantwortung für die sachkundige Anwendung von Schädlingsbekämpfungsmitteln beim Auftraggeber. Nur wer sachkundig ist und die menschliche Gesundheit sowie einwandfreie Lebensmittel und Bedarfsgegenstände sicherstellen kann, darf Schädlingsbekämpfungen durchführen. Umso wichtiger ist es für die Verantwortlichen einen entsprechenden Fachmann auszuwählen.

7.2 Beurteilung der Fachkompetenz von Schädlingsbekämpfern

Die Schädlingsüberwachung ist ein wichtiger Bestandteil des Eigenkontrollkonzeptes eines Betriebes. Die systematische Erfassung des gesamten Hygienezustandes trägt langfristig zur Schädlingsfreihaltung bei.

Ein fachkompetentes Unternehmen beachtet sämtliche aufgeführten Punkte:

- Betriebsbegehung und Erfassung der Ausgangssituation
- Analyse des Objekt- und Hygienezustandes
- Bestimmung der Schädlinge und Befallsanalyse
- Erfassung aller kritischen und befallenen Räumlichkeiten
- Bekanntgeben der Bekämpfungsmethoden, Mittel, Risiken
- Demontage und Montage von Gerätschaften zur Freilegung von Verstecken und Brutnischen
- Gezieltes und sparsames Ausbringen von Chemikalien unter Berücksichtigung der Raumnutzung, der Einrichtung und der klimatischen Verhältnisse
- Installation von Monitoringsystemen zum Nachweis der Tilgung und Früherkennung bei Neubefall
- Aufzeigen von schädlingsbegünstigenden Faktoren und Vorschlagen von Lösungen

- Erstellen einer aussagekräftigen Dokumentation über Schädlingsbefund, Maßnahmen und eingesetzte Mittel

- Regelmäßige Überwachung

- regelmäßige Auswertung der Trendanalysen und Bewertung (Gefahrenanalyse mit Risikobewertung) des Betriebs durch einen erfahrenen Schädlingsbekämpfer

- Hygienekompetentes Fachpersonal für Beratungen zur Schädlingsprophylaxe sowie zur Ausarbeitung und Umsetzung von Lösungskonzepten

Weitere Kriterien für ein Fachunternehmen sind:

Arbeitsschutzfähigkeit

  Verfügt das Schädlingsbekämpfungsunternehmen über ein zertifiziertes Arbeitsschutzmanagementsystem OHRIS (entspricht Anforderungen OHSAS 18001)

✓ Zertifikate anfordern

Haftpflicht-, Umwelthaftpflicht- und Umweltschadensversicherung

  Verfügt das Schädlingsbekämpfungsunternehmen über eine Betriebshaftpflichtversicherung für Personen- und Sachschäden sowie über eine Umwelthaftpflichtversicherung und Umweltschadensversicherung mit jeweils ausreichender Deckungssumme?

✓ Nachweise der Versicherungen verlangen

Persönliche Nachweise

  Verfügt das Unternehmen über die Gewerbeanmeldung zur Schädlingsbekämpfung

  Erfolgte die jährliche Anzeige der Schädlingsbekämpfungsmittel beim Gewerbeamt?

  Verfügen die Mitarbeiter über die persönlichen Nachweise wie polizeiliches Führungszeugnis, Sachkunde als Schädlingsbekämpfer und den persönlichen Nachweis zum Töten von Wirbeltieren.

✓ Nachweise anfordern

Überblick der eingesetzten Präparate mit aktuellen Sicherheitsdaten-blättern

✎ Erhalten Sie als Auftraggeber einen aktuellen Überblick der eingesetzten Mittel und Präparate mit aktuellen Sicherheitsdatenblättern gemäß „REACH"?

✓ Nachweise anfordern

Abfallentsorgung gemäß KrW-/AbfG

✎ Nimmt der Schädlingsbekämpfer nach der Bekämpfung die leeren Gebinde sowie die Mittelreste wieder mit und entsorgt er diese unter Einhaltung der abfallrecht-lichen Vorschriften?

✓ Entsorgungsnachweis verlangen

Aussagekräftige Referenzen

✎ Betreut das Schädlingsbekämpfungsunternehmen vergleichbare Objekte?

✓ Referenzliste anfordern

Abb. 7.2-1   Abschlussgespräche der Verantwortlichen vor und nach der Inspektion

Mitgliedschaft im Deutschen Schädlingsbekämpfer-Verband e.V.

✎ Ist das Schädlingsbekämpfungsunternehmen Mitglied im DSV?

✓ Urkunde der DSV-Mitgliedschaft verlangen

Zusammenfassung

Die Schädlingsbekämpfung ist ein hoch sensibler Bereich, der durch professionelle Anwender korrekt, sachgerecht und sorgfältig durchgeführt werden muss.

Wer Schädlinge selbst bekämpfen möchte, muss folgende Punkte sorgfältig prüfen:

- Liegen genaue Kenntnisse über Aussehen, Biologie, Verhalten, Aufenthaltsorte und typische Befallsspuren der Schädlinge sowie genügend Erfahrungswerte vor?

- Sind alle wichtigen gesetzlichen Anforderungen bekannt, und können diese auch eingehalten werden? Können dabei alle nötigen Weiterbildungs- und Schulungsmaßnahmen gewährleistet werden?

- Ist eine gewisse Hygienekompetenz vorhanden, die es ermöglicht, den Hygienezustand im gesamten Betrieb zu analysieren, Schwachstellen aufzuzeigen und Gegenmaßnahmen vorzuschlagen?

- Hat der durchführende Schädlingsbekämpfer einen Überblick über die Verfahren und Produkte zur Schädlingsüberwachung und Schädlingsbekämpfung?

- Ist gewährleistet, dass die Ausrüstung und die Geräte zur Schädlingsbekämpfung regelmäßig geprüft und gewartet werden?

- Sind Einsparungen bei der Durchführung der Schädlingsbekämpfung in Eigenregie gegenüber einer Durchführung durch einen externen Dienstleister überhaupt realistisch?

Ein fachkompetentes Unternehmen zeichnet sich dadurch aus, dass es alle in diesem Kapitel genannten Anforderungen erfüllt. Somit wird verhindert, dass es zu unnötigen Umweltbelastungen, Materialschäden, Qualitäts- oder Imageverlusten oder sogar zur Gefährdung der menschlichen Gesundheit kommt.

8 Schädlingsfreihaltung durch das Quality Pest Management QPM®

Die moderne Schädlingsbekämpfung geht nach den Grundlagen der Integrierten Schädlingsbekämpfung (Integrated Pest Management IPM) vor.

Das IPM ist angelehnt an den Integrierten Pflanzenschutz und verfolgt das Ziel, durch eine Kombination von physikalischen, chemischen und biologischen Bekämpfungsmaßnahmen eine Beeinträchtigung von Mensch, Haustier und Umwelt zu minimieren. Die Vorteile der Integrierten Schädlingsbekämpfung liegen im gezielten, bewussten und folglich verminderten Einsatz der Schädlingsbekämpfungsmittel. Dieses Ziel ist durch ein systematisches Analyse-, Tilgungs- und Überwachungsprogramm zu erreichen.

Das Quality Pest Management (QPM®) kombiniert die Befallsanalyse, die artgerechte Tilgung von Schädlingen, prophylaktische Schutzmaßnahmen, ein kontinuierliches Schädlingsmonitoring und die Dokumentation aller Maßnahmen. QPM® ist seit 1992 ein eingetragenes Warenzeichen der Gemex Hygiene und Vorratsschutz GmbH. Die einzelnen Prozessschritte sind auszugsweise nachfolgend dargestellt.

8.1   Prozessschritte

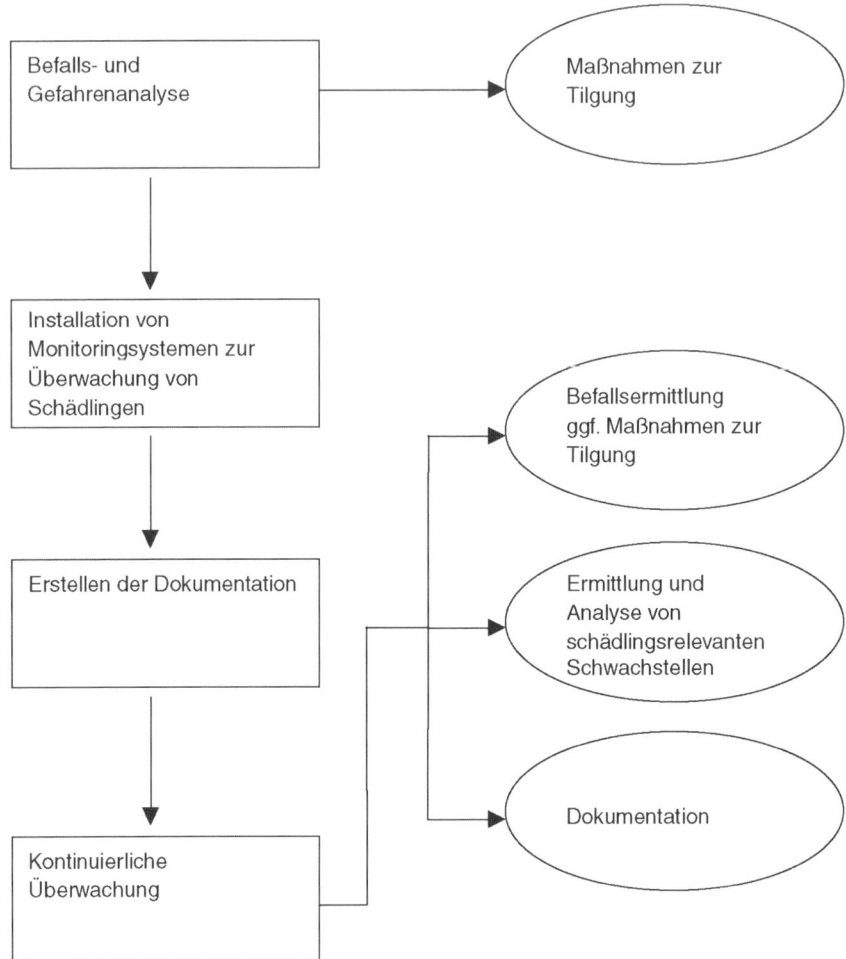

Abb. 8.1-1   Prozessschritte QPM®
(Quelle: Gemex Hygiene und Vorratsschutz GmbH)

8.2 Befallsanalyse

Die Befallsanalyse beinhaltet das Prüfen aller Räume, Anlagen und Einrichtungen auf Schädlingsbefall, d. h. Schädlingsart und -ausmaß in den Verstecken und Brutnischen sowie das Analysieren von Risikosituationen, die das Entstehen, Verbreiten oder Zuwandern von Schädlingen begünstigen.

8.3 Artgerechte Tilgung von Schädlingen

Vorhandener Schädlingsbefall wird nach vorausgegangener Beurteilung der Ausgangssituation artgerecht getilgt. Wesentliches Merkmal dabei ist, dass die Bekämpfung nicht großflächig, sondern nur ganz gezielt durch Freilegen der Aufenthaltsplätze und Brutnischen von Schädlingen (z. B. durch Abnehmen von Verkleidungen, Öffnen von Schächten, Maschinen und anderen Bauteilen) ausgeführt wird. Zeitpunkt, Mittel, Verfahren und Überprüfungsintervall richten sich nach den betriebsspezifischen Gegebenheiten.

8.4 Prophylaktische Schutzmaßnahmen

Prophylaktische Schutzmaßnahmen beeinhalten Maßnahmen zur Schädlingsvorbeugung und Schädlingsfreihaltung durch das Aufdecken und Beheben von ungezieferfördernden Faktoren. Dies ist die beste Grundlage wirksamer präventiver Sicherheitsstrategien.

8.5 Schädlingsmonitoring

Sinnvoll platzierte, zuverlässige Früherkennungs- und Fangsysteme ergeben in Verbindung mit einer kontinuierlichen, systematischen Überwachung eine zielgerichtete Rundumbetreuung und einen dauerhaften Schutz vor Schädlingen. Als Monitoringsysteme finden Klebefallen mit den unterschiedlichsten Lockstoffen, mit Fraßködern bestückte Köderfallen, Trichter- oder Lichtfallen Anwendung.

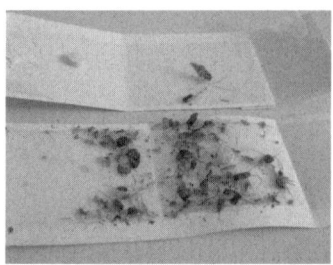

Abb. 8.5-1   Klebefalle mit Schabenbefall
(Quelle: Gemex Hygiene und Vorratsschutz GmbH)

Abb. 8.5-2   Fraßköder ohne und mit Nagespuren
(Quelle: Gemex Hygiene und Vorratsschutz GmbH)

8.6   Dokumentation

Der Bericht erfasst die angetroffenen Befunde und die Art der durchgeführten Maßnahmen. Siehe auch Kapitel 5.4, Dokumentation.

Im Objekt werden die Monitoringsysteme mit Plaketten gekennzeichnet und deren Standort in Plänen eingetragen.

8.6.1 Prüflisten

Auftraggeber:

Bereich:

Bericht „Prophylaktische Schutzmaßnahmen"

Schädlingsbegünstigende Schwachstellen			Korrekturmaßnahmen		
Baulich	Organisatorisch	Hygienisch	Baulich	Organisatorisch	Hygienisch

Datum:
Verantwortlich:
Erledigt:

Sonstiges: ....
....

Abb. 8.6-1 **Prüfliste „Prophylaktische Schutzmaßnahmen"**
(Quelle: Gemex Hygiene und Vorratsschutz GmbH)

Bericht „Schädlingsmonitoring"

Auftraggeber:

Bereich:

	Schädlingsaktivitäten			Gegenmaßnahmen		
	Schaben	Nagetiere	Motten	Schaben	Nagetiere	Motten

Ausführendes Unternehmen:

Datum:
Verantwortlich:
Verwendete Präparate:

Legende: 0=kein Befall, l=leichter Befall, m=mittlerer Befall, s=starker Befall
M.e. = Monitoringsystem erneuert, F.e.= Fraßköder erneuert
I.b. = Insektizid behandelt

Abb. 8.6-2 **Prüfliste „Schädlingsmonitoring"**
(Quelle: Gemex Hygiene und Vorratsschutz GmbH)

Literaturverzeichnis

BECKER, K.; ZELLENTIN, U.: Die Ratten – Wanderratte und Hausratte, 1. Aufl ., Biologische Bundesanstalt Braunschweig, Merkblatt 51, 1–15, 1977

Biologische Bundesanstalt für Land- und Forstwirtschaft (BBA): Was tun gegen Ratten und Hausmäuse?, Braunschweig, 2001

Chartered Institute of Environmental Health (CIEH) für die Erstellung der Schädlingskontrolle in der Lebensmittelindustrie, London 2009.

Freise, Jona: Schädlingsbekämpfung im Lebensmittelbereich -Kommentar zu DIN 10523, Berlin 2013. [4]Verlag für Handwerk und Gastronomie: Die neuen Hygienevorschriften für Großküchen, Gastronomie und Lebensmittelbetriebe, Kissing 2006.

FUCHS, M.: Die epidemiologische Bedeutung von Schaben als Vektoren von Krankheitserregern am Beispiel der Deutschen Schabe (Blattella germanica), Pest Control News, 31, 22–24, 2002

GEIPEL-KERN, A.: Wie Insektizide wirken, Der praktische Schädlingsbekämpfer, 04, 1999

Gesetzessammlung aus dem Internet:

http://www.bmgs.bund.de
http://www.bmu.de
http://baua.de Bundesanstalt für Arbeitsschutz und Arbeitsmedizin, Biozid Produktdatenbank
http://www.umwelt-online.de (gebührenpflichtig)
http://eur-lex.europa.eu
http://bundesrecht.juris.de
http://europa.eu/legislation_summaries/food_safety
http://ec.europa.eu/food/food/biosafety/hygienelegislation

Industrieverband Agrar e. V. (IVA): Wirkstoffe in Pflanzenschutz- und Schädlingsbekämpfungsmitteln, München, BLV Verlagsgesellschaft, 1990

IfSG Infektionsschutzgesetz aktualisiert 2013/04

PESCHKE, W.: Schädlinge in der Gemeinschaftsverpflegung, Bonn, Auswertungs- und Informationsdienst für Ernährung, Landwirtschaft und Forsten (aid), 1998

PESCHKE, W.: Schädlingsbekämpfung in Betrieben der Gemeinschaftsverpflegung, Der Lebensmittelkontrolleur, 4, 40–44, 1998

PESCHKE, W.: Schabenbekämpfung in Lebensmittelbetrieben nach der Mehrstufenmethode, deutsche molkerei-zeitung, 17, 522–528, 1985

PESCHKE, W.: Hausmausbekämpfung im Lebensmittelbetrieb – ein aktuelles Problem, deutsche molkerei-zeitung, 19, 619–622, 1984

PESCHKE, W.; MÜHBAUER, H.-G.; JAHN, H.-W.: Schädlingsbekämpfung in der Lebensmittelwirtschaft, Band-Nr. 573, Renningen-Malmsheim, expert-verlag, 1999

PESCHKE, W.: Hygiene in der Krankenhausküche, Krankenhaustechnik, H. 7, 62–68, 1985

POSPISCHIL, R.: Die Deutsche Schabe, Der praktische Schädlingsbekämpfer (DpS), 3, 11–13, 1996

POSPISCHIL, R.: Allergien in Innenräumen, Der praktische Schädlingsbekämpfer, 7, 8–9, 2002

REICHMUTH, CH.: Zur Kälteempfindlichkeit von Eiern der Dörrobstmotte (Plodia Interpunctella Hbn:) Anz. Schädlingskde., Pflanzenschutz, Umweltschutz 52, Berlin und Hamburg, Verlag Paul Parey, 10–13, 1979

SCHOLL, E.: Erarbeitung von Richtlinien für die integrierte Schädlingsbekämpfung im nichtagrarischen Bereich, Forschungsbericht 12606011, Berlin, Umweltbundesamt, 1996

SCHUSTER, W.: Hausratte (Rattus rattus L.), Handbuch für den Schädlingsbekämpfer in Ausbildung und Praxis, Lfg. 2, Stuttgart, Gustav Fischer Verlag, 1996, 1–7

SCHUSTER, W.: Wanderratte (Rattus norvegicus Berkenhout 1769), Handbuch für den Schädlingsbekämpfer in Ausbildung und Praxis, Lfg. 3, Stuttgart, Gustav Fischer Verlag, 1997, 1–14

SCHUSTER, W.: Hausmaus (Mus musculus L.), Handbuch für den Schädlingsbekämpfer in Ausbildung und Praxis, Lfg. 2, Stuttgart, Gustav Fischer Verlag, 1996, 1–7

SELLENSCHLO, U.: Steckbriefe der wichtigsten Vorratsschädlinge und des Hausungeziefers, Handbuch für den Schädlingsbekämpfer in Ausbildung und Praxis, Lfg. 11, Stuttgart, Gustav Fischer Verlag, 2001

SELLENSCHLO, U.: Dörrobstmotte – Plodia interpunctella, Handbuch für den Schädlingsbekämpfer in Ausbildung und Praxis, Lfg. 3, Stuttgart, Gustav Fischer Verlag, 1997

SOMMER, S.: Schaben (Blattaria), Handbuch für den Schädlingsbekämpfer in Ausbildung und Praxis, Lfg. 2, Stuttgart, Gustav Fischer Verlag, 1996, 1–5

STEIN, W.: Vorratsschädlinge und Hausungeziefer, Stuttgart, Verlag Eugen Ulmer, 1986

STEIN, W.: Die Bedeutung der Fliegen in der Lebensmittelhygiene, Zeitschrift für Lebensmittel-Technologie und Verfahrenstechnik, 28, 177–180, 1977

STEINBRINK, H.: Gesundheitsschädlinge, Stuttgart, Gustav Fischer Verlag, 1989

Technische Regeln und Normen der Schädlingsbekämpfung (TRNS); 2te Auflage, zu beziehen bei: Deutscher Schädlingsbekämpferverband (www.dsvonline.de)

TÜV Akademie GmbH: Lehrgangsunterlagen zum Kurs Geprüfter Schädlingsbekämpfer, Niederlassung Berlin/Nordbrandenburg, Bereich Hohen Neuendorf, 1999

ULEWICZ, K.: Über die epidemiologische Bedeutung der Schabe Blattella germanic (L.) bei Übertragung von Infektionen auf den Menschen, Der praktische Schädlingsbekämpfer (DpS), 9, 129–133, 1976

VOIGT, T.: Haus- und Hygieneschädlinge, 3. Aufl., Eschborn, Govi-Verlag, 1999

ZUSKA, J.: Haus- und Vorratsschädlinge, 2. Aufl., Hanau, Werner Dausien Verlag, 1994

VO (EG) 852/2004: Verordnung (EG) Nr. 852/2004 des Europäischen Parlaments und des Rates vom 29. April 2004 über Lebensmittelhygiene, Straßburg 2004.

Zugelassene Biozid - Produkte sind auf der Website der Zulassungsstelle Bundesanstalt für Arbeitsschutz und Arbeitsmedizin nachzulesen www.baua.de .

http://www.baua.de/de/Chemikaliengesetz-Biozidverfahren/Biozide/Produkt/ Produktdatenbank.html